ANGEWANDTE PFLANZENSOZIOLOGIE

VERÖFFENTLICHUNGEN DES
INSTITUTES FÜR ANGEWANDTE PFLANZENSOZIOLOGIE
DES LANDES KÄRNTEN

HERAUSGEBER
UNIV.-PROF. DR. ERWIN AICHINGER

HEFT X

GLEICHBEDEUTENDE WISSENSCHAFTLICHE NAMEN (SYNONYME) DER PFLANZEN ÖSTERREICHS

VON UNIV.-PROF. **DR. ERWIN JANCHEN,** WIEN

WIEN
SPRINGER-VERLAG
1953

Schriftleiter:

Univ.-Prof. Dr. Erwin Janchen.

ISBN-13: 978-3-211-80294-6   e-ISBN-13: 978-3-7091-5446-5
DOI: 10.1007/978-3-7091-5446-5

Inhalt.

Gleichbedeutende wissenschaftliche Namen (Synonyme) der Pflanzen Österreichs.

Von Erwin J a n c h e n (Wien)

mit einem Beitrag von Kurt F i t z (Wien).

Das nachstehende Verzeichnis soll in erster Linie den praktischen Bedürfnissen der forstlichen und landwirtschaftlichen Pflanzensoziologie dienen. Darüber hinaus soll es auch für andere Zweige der angewandten Botanik und für die theoretische Botanik verwendbar sein.

Es wäre sehr erfreulich, wenn man zur eindeutigen Verständigung über heimische Pflanzen durchwegs Namen verwenden könnte, die unserer deutschen Muttersprache entstammen. Dies ist jedoch aus mehrfachen Gründen nicht immer möglich. Bei der großen Ausdehnung des deutschen Sprachgebietes ist sehr oft die gleiche Pflanze in einer Gegend unter diesem, in einer anderen Gegend unter einem ganz anderen Namen bekannt. Andererseits werden oft mit einem und demselben Namen ganz verschiedene Pflanzen bezeichnet, was zu vielen Mißverständnissen führt. Zahlreiche unscheinbare oder schwer unterscheidbare Pflanzen besitzen überhaupt keine volkstümlichen deutschen Namen, sondern nur sogenannte Buchnamen, die von den Verfassern botanischer Bücher nach eigenem Ermessen ausgedacht und gegeben worden sind. Daher führt oft die gleiche Pflanze in verschiedenen Büchern verschiedene Namen, die alle nicht volkstümlich sind. In Anbetracht dieser Übelstände ist eine Vereinheitlichung der deutschen Pflanzenbenennung erstrebenswert*); volle Einheitlichkeit wird sich aber wohl nie erreichen lassen.

Demgegenüber bilden die wissenschaftlichen Pflanzennamen, die zumeist der lateinischen oder der griechischen Sprache entnommen sind, ein viel sichereres Verständigungsmittel, das nicht nur innerhalb des deutschen Sprachgebietes Geltung hat, sondern in allen Kulturländern der Erde.

Der wissenschaftliche Name jeder Pflanzenart besteht aus zwei Worten; diese sind der Gattungsname und das Art-Epitheton (der Art-Nachname, Artname im engeren Sinn). Dazu kommt noch, wenn nötig oder wünschenswert, die Autorbezeichnung, d. h. der Name oder abgekürzte Name jenes Fachmannes, der den Namen gegeben hat. Ein Beispiel: in der Artbenennung für die Weiß-Tanne, „*Abies alba* M i l l.", ist *Abies* (Tanne) der Gattungsname, *alba* (die weiße) das Art-Epitheton, M i l l. (M i l l e r) die Autorbezeichnung.

Zur Benennung einer Unterart (Subspezies) wird an den Artnamen das Zwischenwort subsp. oder ssp. (d. i. subspecies) und dann das Subspezies-Epithe-

---

*) Vgl. den Artikel „Deutsche Pflanzennamen", diese Schriftenreihe. Heft IV (1951), Seite 17—38.

ton (der Unterart-Nachname) angefügt. Beispielsweise teilt man den Rauh-Enzian, die *Gentiana aspera,* in drei Unterarten; diese sind: *Gentiana aspera* subsp. *aspera,* Echter Rauh-Enzian, *G. aspera* subsp. *Sturmiana,* S t u r m ' s Rauh-Enzian, und *G. aspera* subsp. *norica,* Norischer Rauh-Enzian. In ähnlicher Weise erfolgt die Bezeichnung der Varietäten (var.) und anderer Unterteilungen der Arten.

Es wäre zu wünschen und anzustreben, daß jede Pflanzenart, jede Pflanzen-Unterart usw., allgemein gesagt, jede Pflanzensippe, nur einen einzigen wissenschaftlichen Namen hätte. Dies ist aber nicht oder derzeit noch nicht der Fall, zum Teil aus wissenschaftlichen, zum größeren Teil aus rein formellen Gründen.

Beispiele für wissenschaftliche Gründe sind folgende: *Silene quadridentata,* das Vierzahn-Leimkraut, wird zusammen mit mehreren verwandten Arten von vielen Forschern in eine eigene kleine Gattung, *Heliosperma,* Strahlensame, gestellt und heißt dann *Heliosperma quadridentatum,* Vierzahn-Strahlensame. — Die beiden Unterarten von *Senecio nemorensis,* Hain-Greiskraut, nämlich *S. nemorensis* subsp. *Jacquinianus,* J a c q u i n ' s Hain-Greiskraut oder Breit-blatt-Haingreiskraut, und *S. nemorensis* subsp. *Fuchsii,* F u c h s' Hain-Greis-kraut oder Schmalblatt-Haingreiskraut, werden häufig als eigene Arten bewertet; sie heißen dann *Senecio nemorensis,* Hain-Greiskraut (im engeren Sinn) und *Senecio Fuchsii,* Fuchs-Greiskraut. — Die Erforschung und Benennung der Pflanzen hat eine lange geschichtliche Entwicklung durchgemacht. Während dieser Zeit wurde oftmals die gleiche Pflanze unabhängig von verschiedenen Forschern für neu, d. h. wissenschaftlich noch unbekannt gehalten und daher mit einem neuen Namen belegt, erhielt also dadurch mehrere Namen; von diesen hatte sich oft ein jüngerer Name allgemein eingebürgert, bis man das Vorhandensein eines älteren Namens erkannte und dann diesem den Vorzug gab. — Bei der Zerlegung oder Vereinigung von Arten, bei der Zerlegung oder Vereinigung von Gattungen, bei der Übertragung von Arten in andere Gattungen, bei der Erhebung von Varietäten zu Arten und bei manchen anderen wissenschaftlichen Veränderungen wurden von verschiedenen Forschern in formeller Hinsicht verschiedene Vorgänge eingehalten und es ergaben sich daraus für die gleichen Pflanzen zwei oder mehrere verschiedene Namen.

Um in das dadurch entstandene Namengewirre eine einheitliche Ordnung zu bringen, wurden im Jahre 1905 auf einem in Wien abgehaltenen internationalen Botaniker-Kongreß international geltende Regeln der botanischen Nomenklatur (d. i. Namengebung) beschlossen. Auf Grund der Erfahrungen, die man bei der Durchführung der Nomenklaturregeln machte, wurden diese dann auf späteren Botanikerkongressen in den Jahren 1910, 1930, 1935 und 1950 abgeändert und erweitert.

Die Abänderungen waren jedoch nicht immer restlos wirkliche Verbesserungen, wogegen manche wohlbegründete Verbesserungsvorschläge auf den Kongressen nicht die nötige Stimmenmehrheit erlangen konnten. Gerade die Bedürfnisse und berechtigten Wünsche der Vertreter der angewandten Botanik, besonders der Landwirte, Forstleute und praktischen Pflanzensoziologen, wurden offensichtlich zu wenig berücksichtigt.

Infolgedessen ergeben sich bei ganz strenger Durchführung der jetzt geltenden Regeln manche Namen, gegen die man schwere Bedenken haben muß, weil sie entweder widersinnig sind oder irreführend wirken oder zu Verwechslungen Anlaß geben oder aus sonstigen Gründen unzweckmäßig erscheinen. Von dem Gedanken ausgehend, daß die Vernunft, bzw. der „gesunde Menschenverstand" noch über internationalen Regeln steht, möchte der Verfasser vorliegender Schrift nach dem alten Wahrwort „keine Regel ohne Ausnahme" auch hier eine recht bescheidene Zahl von Ausnahmen anempfehlen.

Einige Beispiele mögen die Berechtigung solcher Ausnahmen dartun. Die heimische gewöhnliche Fichte, *Picea excelsa,* sollte streng regelgemäß eigentlich *Picea Abies,* zu deutsch etwa Tannen-Fichte heißen, welcher Name in der Forstwirtschaft, besonders auch bei Schülern und Anfängern, verwirrend wirken muß und daher abzulehnen ist. Der gewöhnliche Weizen, *Triticum vulgare* (Winter- und Sommer-Weizen zusammen), hieße streng regelgemäß *Triticum aestivum,* Sommer-Weizen, was in der Landwirtschaft stets irreführen müßte. Die Garten-Petersilie, *Petroselinum hortense,* auch deren glattblättrige Normalform, hieße nach den Regeln *Petroselinum crispum,* Kraus-Petersilie, womit man in der Gärtnerei niemals einverstanden sein kann. Die Alpen-Simse, *Juncus alpinus,* hieße regelgemäß *Juncus alpino-articulatus,* welcher Name einen Bastard von *Juncus alpinus* mit *Juncus articulatus,* Glieder-Simse, vortäuscht. Eine bestimmte Seggen-Art, deren männliche Blüten ausnahmslos drei Staubgefäße besitzen, sollte nach den Regeln *Carex diandra,* Zweimännige Segge, heißen, wohl wegen eines Beobachtungsfehlers ihres Erstbeschreibers; ein solcher Name muß irreführend wirken. Unser gewöhnliches Zyklamen (Alpenveilchen) ist allgemein bekannt als *Cyclamen europaeum;* es sollte aber nach den Regeln *Cyclamen purpurascens* heißen, wie ein in den alten botanischen Schriften bewanderter Gelehrter erst vor wenigen Jahren herausgefunden hat. Die Gelbliche Hainsimse, *Luzula flavescens,* sollte nach den Regeln *Luzula luzulina,* Hainsimsenartige Hainsimse, heißen, welcher Name ganz widersinnig ist. Die Strahllose Kamille, *Matricaria discoidea,* sollte streng regelgemäß den widersinnigen Namen *Matricaria matricarioides,* Kamillenähnliche Kamille, führen. Gleiches gilt von Namen wie *Tetragonia tetragonoides* für *Tetragonia expansa* (Neuseeländer Spinat), *Sagina saginoides* für *Sagina Linnaei* (Felsen-Mastkraut), *Cerastium Cerastoides* für *Cerastium lapponicum* (Lappland-Hornkraut), *Alyssum Alyssoides* für *Alyssum calycinum* (Kelch-Steinkraut), *Hedysarum Hedysaroides* für *Hedysarum obscurum* (Dunkler Süßklee), *Chondrilla chondrilloides* für *Chondrilla prenanthoides* (Alpen-Knorpellattich), *Phleum phleoides* für *Phleum Boehmeri* (Glanz-Lieschgras oder Trocken-Lieschgras) u. a. m.

Viele der hier als vernunftwidrig oder doch unzweckmäßig abgelehnten Artnamen ließen sich leicht durch allgemeine Bestimmungen, die in die Regeln neu aufzunehmen wären, grundsätzlich ausschalten; für andere wäre eine „Ausnahmsliste für die Namen der Pflanzen-Arten" anzulegen. Die bisherigen internationalen Botaniker-Kongresse haben sich jedoch gegen die Schaffung einer solchen Arten-Ausnahmsliste grundsätzlich ablehnend verhalten.

Für die Pflanzen-Gattungen besteht schon seit 1905 eine derartige Ausnahmsliste. Diese wurde bei den späteren Kongressen fortlaufend ergänzt. Sie hätte aber noch weitere Ergänzungen nötig, um alteingebürgerte bekannte Namen gegenüber zwar älteren, aber ganz ungebräuchlichen Namen zu schützen. Als gegenständliche Beispiele seien genannt: *Arctostaphylos* zu schützen gegen *Uva-ursi* (als Gattungsname!), *Avenastrum* zu schützen gegen *Helictotrichon, Lasiagrostis* zu schützen gegen *Achnatherum, Herminium* zu schützen gegen *Monorchis* (als Gattungsname).

Da die internationalen Nomenklaturregeln ihr Ziel, nämlich die Schaffung einer einheitlichen Benennung aller Pflanzen, noch bei weitem nicht erreicht haben, so stehen jetzt für viele Pflanzen noch zwei oder mehr Namen in Gebrauch. Zahlreiche andere Pflanzennamen werden zwar jetzt kaum mehr angewendet; man liest sie aber in dem noch jetzt in Gebrauch stehenden Schrifttum. Sich in dem Wust der vielen Namen auszukennen, ist selbst dem eingearbeiteten Fachmann schwierig, für einen Fernerstehenden aber ganz unmöglich.

Den unmittelbaren Anlaß zur Ausarbeitung des nachstehenden Verzeichnisses gab das Bedürfnis der angewandten Pflanzensoziologie. Mit diesem Verzeichnis soll dem praktisch arbeitenden Pflanzensoziologen ein Behelf geboten werden, um für jede Pflanze, mit der er beschäftigt ist oder deren Namen er irgendwo liest, den jetzt geltenden Namen rasch zu ermitteln. Zugleich sollen auch zu jedem giltigen Namen die häufigeren gleichbedeutenden Namen (Synonyme) leicht auffindbar sein.

Die giltigen bzw. die hier als giltig angenommenen Namen sind im Verzeichnis gesperrt gedruckt; die ungiltigen Synonyme sind nicht gesperrt. Namen, welche gesperrt gedruckt, aber eingeklammert sind, entsprechen den Nomenklaturregeln im Falle einer etwas anderen Bewertung oder Gattungsumgrenzung, als sie dem nicht-geklammerten gesperrten Namen zugrundeliegt. Ein Beispiel: *Heliosperma quadridentatum* ist der hier angenommene giltige Name; *(Silene quadridentata)* ist in dem Falle giltig, wenn man die Gattung *Heliosperma* mit *Silene* vereinigt, was Ansichtssache ist und wogegen nicht viel einzuwenden wäre. *Heliosperma quadrifidum* und *Silene quadrifida* sind aber auf jeden Fall ungiltige Synonyme. Oder: *Senecio nemorensis* subsp. *Fuchsii* wird hier als giltig betrachtet; *(Senecio Fuchsii)* hat die Pflanze zu heißen, falls man sie als eigene Art auffaßt; *Senecio sarracenicus* ist jedenfalls ein ungiltiges Synonym. Doch sind mögliche abweichende Auffassungen nicht immer in dieser Weise gekennzeichnet worden.

In der Bewertung der Sippen (Art oder Unterart) und in der Umgrenzung (Trennung oder Vereinigung) von Gattungen kommt natürlich weitgehend die persönliche Ansicht des Verfassers zum Ausdruck. Doch war dieser bestrebt, sowohl in der Weite des Artbegriffes als auch in der Weite des Gattungsbegriffes einen Mittelweg zu finden. Eine zu weit gehende Zerspaltung wurde ebenso abgelehnt wie eine zu weit gehende Zusammenziehung.

Über die Begrenzung des Stoffes sei folgendes vorausgeschickt. Da das Verzeichnis in erster Linie für österreichische Pflanzensoziologen geschrieben ist, so bezieht es sich nur auf die Pflanzenwelt Österreichs im gegenwärtigen Umfang. Eine Ausdehnung auf ganz Mitteleuropa, wie sie vielleicht von manchen Benützern gerne gesehen worden wäre, hätte den Umfang wesentlich vergrößert. Von den Pflanzen Österreichs wurden die wildwachsenden Blüten- und Farnpflanzen und die wichtigeren land- und forstwirtschaftlichen Kulturpflanzen berücksichtigt, außerdem eine Auswahl der wichtigeren waldbewohnenden Moose, die für bestimmte Waldgesellschaften kennzeichnend sind. Bei den Farn- und Blütenpflanzen wurde eine solche Einschränkung auf soziologisch wichtige Arten nicht vorgenommen.

Die schwierige Gattung *Rubus*, Brombeere, von welcher keine neuere maßgebende Bearbeitung aller österreichischen Sippen vorliegt, wurde nicht näher behandelt. Bei Gattungen wie *Rosa*, Rose, *Rhinanthus*, Klappertopf, und *Melampyrum*, Wachtelweizen, wurde auf die zahlreichen Unterarten, die für den Praktiker belanglos sind, nicht eingegangen.

4

Von den überaus zahlreichen ungiltigen Synonymen, die das botanische Schrifttum belasten, wurden selbstverständlich nur die wichtigeren in das Verzeichnis aufgenommen, vor allem solche, die in neueren Schriften oder in vielbenützten grundlegenden Werken verwendet werden. Bei der Auswahl der aufzunehmenden Synonyme war eine gewisse Willkürlichkeit nicht ganz zu vermeiden. Manche selten gebrauchten Synonyme hätten vielleicht schadlos fortbleiben können. Doch sind hoffentlich keine wichtigeren Synonyme, die von Benützern des Verzeichnisses gesucht werden, ausgelassen worden.

Autorbezeichnungen sind für den Praktiker belanglos. Daher wurden sie im Text durchwegs weggelassen und nur selten in erklärenden Fußnoten erwähnt.

Trotz mancher vorgenannten Einschränkungen, die großenteils durch die Rücksicht auf die praktisch arbeitenden Pflanzensoziologen bedingt waren, dürfte das Verzeichnis auch den theoretischen Botanikern wertvolle Dienste leisten.

Bei Benützung des Verzeichnisses suche man den nachzuschlagenden Namen zunächst in der linken Spalte, in welcher die Namen alphabetisch geordnet sind. Ist der Name hier nicht gesperrt, also ein ungiltiges Synonym, dann findet man rechts daneben in Sperrdruck den gleichbedeutenden giltigen Namen. Ist der Name in der linken Spalte gesperrt, also giltig, dann stehen rechts in gleicher Höhe und (gegebenenfalls) knapp darunter alle erwähnenswerten ungiltigen Synonyme. Somit scheint, wenigstens bei artenreicheren Gattungen, jeder Name sowohl in der linken Spalte als auch in der rechten Spalte. Sind jedoch von einer Gattung nur wenige Namen angeführt und diese folglich leicht zu überblicken, dann sind sie nur einmal genannt, in der Regel alle giltigen in der linken Spalte, alle ungiltigen in der rechten Spalte. In diesem Fall wird man also beim Aufsuchen eines Namens von Anfang an beide Spalten beachten müssen. — Namen, die mehrere Arten (oder Unterarten) umfassen oder die in verschiedenem Sinne gebraucht wurden, sind erforderlichen Falles mit dem Zusatz „z. T.“ (zum Teil) gekennzeichnet. Wenn jedoch für die Pflanzenwelt Österreichs nur die eine Teilbedeutung des Namens in Betracht kommt, dann ist das „z. T.“ häufig weggelassen. Bei Namen, welche in einem weiteren Sinn und in einem engeren Sinn gebraucht werden, ist dies durch die Zusätze „s. l.“ (sensu lato = i. weit. Sinn) bzw. „s. str.“ (sensu stricto — im eng. Sinn) ausgedrückt.

Beispiele:

Ungiltiger Name	=	G i l t i g e r N a m e
G i l t i g e r N a m e	=	Ungiltiger Name
(B e d i n g t g i l t i g e r N a m e) .	=	G i l t i g e r N a m e
G i l t i g e r N a m e	=	(B e d i n g t g i l t i g e r N a m e)
		Ungiltiger Name
		Ungiltiger Name

Bei Gattungen mit mehreren Arten ist der Gattungsname auch dann gesperrt gedruckt, wenn er nur bei einem Teile der Arten giltig ist. Maßgebend ist dann, ob das Art-Epitheton gesperrt oder nicht gesperrt ist. Beispielsweise:

H y l o c o m i u m loreum . . . = R h y t i d i a d e l p h u s l o r e u s

Der linke Name ist ungiltig. Der Gattungsname *Hylocomium* mußte deshalb gesperrt gedruckt werden, weil das später folgende *Hylocomium splendens* ein giltiger Name ist. Oder:

Artemisia alba . . . . . = Artemisia Lobelii

Der rechte Name ist ungiltig, was man sofort daran erkennt, daß das Art-Epitheton nicht gesperrt gedruckt ist.

Welches sind die häufigsten Anlässe zur Benützung des Synonymenverzeichnisses? Der Leser eines Buches oder einer wissenschaftlichen Abhandlung findet einen ihm unbekannten lateinischen Pflanzennamen und er vermutet, daß er die betreffende Pflanze unter einem anderen Namen kennt. Durch Nachsehen in dem Verzeichnis findet er rasch den jetzt giltigen Namen und bei diesem alle gebräuchlicheren nicht giltigen Synonyme. Ein anderer Fall ist folgender: Ein Forstmann oder Landwirt steht im Begriffe, eine Abhandlung zu schreiben, in der auch wissenschaftliche Pflanzennamen vorkommen, und er hat das löbliche Bestreben, seine Pflanzenbenennungen auf einen zeitgemäßen Stand zu bringen. Bei Nachschau in dem Synonymenverzeichnis findet er sofort den in jedem einzelnen Falle anzuwendenden Namen.

Das Synonymenverzeichnis gliedert sich in vier Teile, nämlich: I. Moose (Laubmoose und Lebermoose); II. Farnpflanzen (Farne, Bärlappe und Schachtelhalme); III. Nacktsamer (Nadelhölzer); IV. Decksamer (höhere Blütenpflanzen). Dieser vierte Teil ist natürlich der weitaus umfangreichste. Durch Vereinigung aller vier Teile in ein einziges alphabetisches Verzeichnis wäre dieses allzu lang und dabei etwas zu uneinheitlich geworden.

Die Anregung zur Ausarbeitung des Verzeichnisses ist von Herrn Univ.-Professor Dr. Erwin Aichinger ausgegangen. Das Verzeichnis der Moose wurde von dem erfahrenen Moosfachmann Kurt Fitz (Wien, Botanische Abteilung des Natur-Museums) in dankenswerter Weise ausgearbeitet. Für verschiedene Auskünfte, Ratschläge und Überprüfungen, welche die Blütenpflanzen betreffen, ist der Verfasser mehreren Fachgenossen zu Dank verpflichtet; genannt seien: Regierungsrat Karl Ronninger, Direktor Dr. Karl Heinz Rechinger, Dozent Dr. Georg Cufodontis und Dozent Dr. Gustav Wendelberger, sämtliche in Wien.

Auf Mängel und allfällige Unrichtigkeiten in dem Verzeichnis wolle man gefälligst den Verfasser (Wien, III., Ungargasse 71) aufmerksam machen.

Wien, im Juli 1953.

Erwin Janchen.

Schriftenverzeichnis.

Fritsch K.: Exkursionsflora für Österreich. 3. Aufl. Wien 1922.

Hegi G.: Illustrierte Flora von Mittel-Europa. 13 Bände, München 1908—1931.

Mansfeld R.: Verzeichnis der Farn- und Blütenpflanzen des Deutschen Reiches. (Berichte der Deutschen Botanischen Gesellschaft, Bd. 58 a.) Jena 1941.

Janchen E. und Neumayer H.: Beiträge zur Benennung, Bewertung und Verbreitung der Farn- und Blütenpflanzen Deutschlands, I, II, III. Österreichische Botanische Zeitschrift bzw. Wiener Botanische Zeitschrift, Bde. 91 und 93, 1942 und 1944.

Janchen E.: Beiträge zur Benennung, Verbreitung und Anordnung der Farn- und Blütenpflanzen Österreichs, I, II, III. Phyton (Graz), Bde. 2 und 3, 1950 und 1951.

— Beiträge zur Benennung Verbreitung und Anordnung der Farn- und Blütenpflanzen Österreichs, IV. Phyton (Graz), Bd. 5, 1953. (Im Druck.)

Janchen E. und Wendelberger G.: Kleine Flora von Wien, Niederösterreich und Burgenland. Wien 1953, Verlag des Vereines für Landeskunde von Wien und Niederösterreich (Wien, I., Herrengasse 13, Landes-Archiv).

6

Erster Teil

Bryophyta, Moose (Laubmoose und Lebermoose).

Eine Auswahl der soziologisch wichtigeren Waldmoose.

Von Kurt Fitz (Naturhistorisches Museum Wien).

In der Umgrenzung der Gattungen der Laubmoose folgt das nachstehende Verzeichnis dem grundlegenden Werke von V. F. Brotherus (in Engler, Natürliche Pflanzenfamilien, 2. Aufl., Bd. 10 u. 11, 1924 und 1925). Die Nomenklatur weicht in einzelnen Fällen davon ab, indem entsprechend den neueren internationalen Beschlüssen als Ausgangszeitpunkt der Laubmoosbenennungen nicht Linné (1753), sondern Hedwig (1801) angenommen wurde. Daher mußte z. B. statt des älteren Gattungsnamens *Catharinaea* der jüngere Gattungsname *Atrichum* eintreten und statt des älteren Artnamens *Polytrichum attenuatum* der jüngere Artname *P. formosum.*

Abietinella abietina	= Thuidium abietinum
Acrocladium cuspidatum	= Calliergonella cuspidata
Amblystegiella subtilis	= Amblystegium subtile
Amblystegium riparium	= Leptodictyum riparium
— subtile	= Amblystegiella subtilis
Aneura pinguis	= Riccardia pinguis
Atrichum undulatum	= Catharinaea undulata
Barbilophozia barbata	= Lophozia barbata
— lycopodioides	= — lycopodioides
Barbula recurvirostris	= Didymodon rubellus
	Erythrophyllum rubellum
	Trichostomum recurvirostre
— tortuosa	= Tortella tortuosa
Bazzania trilobata	= Mastigobryum trilobatum
	Pleuroschisma trilobatum
Bryum pseudotriquetrum	= Bryum ventricosum
— roseum	= Rhodobryum roseum
Calliergon cuspidatum	= Calliergonella cuspidata
Calliergonella cuspidata	= Hypnum cuspidatum
	Acrocladium cuspidatum
	Calliergon cuspidatum
Camptothecium sericeum	= Homalothecium sericeum

Campylium stellatum . . = Hypnum stellatum
Chrysohypnum stellatum

Catharinaea undulata . . . . . = Atrichum undulatum
Chrysohypnum stellatum . . . . = Campylium stellatum
Conocephalum conicum = Fegatella conica
Cratoneuron commuta-
tum . . . . = Cratoneurum glaucum
Hypnum commutatum
Ctenidium molluscum . = Hypnum molluscum

Dicranum Bonjeani . . . = Dicranum palustre
— undulatum . . . . . = — rugosum
Didymodon flexicaulis . . . . . = Ditrichum flexicaule
— rubellus . . . . . . = Barbula recurvirostris
Diphyscium foliosum . = Webera sessilis
Ditrichum flexicaule . . = Didymodon flexicaulis
Leptotrichum flexicaule
Trichostomum flexicaule

Encalypta streptocarpa . = Encalypta contorta
Entodon Schreberi . . . . . . = Pleurozium Schreberi
Erythrophyllum rubellum . . . = Barbula recurvirostris
Eurhynchium striatum . = Eurhynchium longirostre
Hypnum striatum
Hylocomium striatum
Rhynchostegium striatum
— Swartzii . . . . . . = Eurhynchium praelongum Br. eur.
(non L., non Hedw.)

Fegatella conica . . . . = Conocephalum conicum
Fissidens cristatus . . . = Fissidens decipiens

Georgia pellucida . . . . . . = Tetraphis pellucida
Grimmia canescens . . . . . . = Rhacomitrium canescens

Haplozia lanceolata . . . . . . = Jungermannia lanceolata
Homalothecium sericeum = Camptothecium sericeum
Hygrohypnum luridum . = Hygrohypnum palustre
Hylocomium loreum . . . = Rhytidiadelphus loreus
— parietinum . . . . . . = Pleurozium Schreberi
— proliferum . . . . . . = Hylocomium splendens
— rugosum . . . . . . = Rhytidium rugosum
— Schreberi . . . . . . = Pleurozium Schreberi
— splendens . . . . . = Hylocomium proliferum
Hypnum splendens
— squarrosum . . . . . . = Rhytidiadelphus squarrosus
— striatum . . . . . . = Eurhynchium striatum
— triquetrum . . . . . . = Rhytidiadelphus triquetrus

Hypnum commutatum . . . . . = Cratoneuron commutatum
  — crista-castrensis . . . . . = Ptilium crista-castrensis
Hypnum cupressiforme: ist ein echtes Hypnum
Hypnum cuspidatum . . . . . = Calliergonella cuspidata
  — denticulatum . . . . . . = Plagiothecium denticula-
    tum
  — loreum . . . . = Rhytidiadelphus loreus
  — molluscum . . . . = Ctenidium molluscum
  — parietinum . . . . . . = Pleurozium Schreberi
  — purum . . . . = Pseudoscleropodium pu-
    rum
  — rugosum . . . . = Rhytidium rugosum
  — Schreberi . . . . = Pleurozium Schreberi
  — splendens . . . . = Hylocomium splendens
  — squarrosum . . . . . . = Rhytidiadelphus squarro-
    sus
  — stellatum . . . . = Campylium stellatum
  — striatum . . . . = Eurhynchium striatum
  — triquetrum . . . . = Rhytidiadelphus trique-
    trus
  — undulatum . . . . . . = Plagiothecium undulatum

Isothecium myurum . . = Isothecium viviparum

Jungermannia lanceolata = Haplozia lanceolata

Leptodictyum riparium . . . . = Amblystegium riparium
Leptotrichum flexicaule . . . = Ditrichum flexicaule
Lophozia barbata . . . = Barbilophozia barbata
  — lycopodioides . . . = — lycopodioides

Mastigobryum trilobatum . . . = Bazzania trilobata
Mnium roseum . . . . . . = Rhodobryum roseum

Phascum cuspidatum . . = Phascum acaulon
Plagiothecium denticula-
tum . . . . = Hypnum denticulatum
  — undulatum . . . . . = — undulatum
Pleuroschisma trilobatum . . . = Bazzania trilobata
Pleurozium Schreberi . = Hypnum Schreberi
    Hypnum parietinum
    Hylocomium Schreberi
    Hylocomium parietinum
    Entodon Schreberi

Pogonatum urnigerum . = Polytrichum urnigerum
Pohlia cruda . . . . = Webera cruda
  — nutans . . . . = — nutans
Polytrichum formosum . = Polytrichum attenuatum
  — piliferum . . . . . = — pilosum
  — urnigerum . . . . = Pogonatum urnigerum

Pseudoscleropodium pu-
rum . . . . = Hypnum purum
Scleropodium purum
Ptilium crista-castrensis = Hypnum crista-castrensis

Rhacomitrium canescens = Grimmia canescens
Rhodobryum roseum . . = Bryum roseum
Mnium roseum
Rhynchostegium striatum . . . = Eurhynchium striatum
Rhytidiadelphus loreus = Hypnum loreum
Hylocomium loreum

— squarrosus . . . . . = Hypnum squarrosum
Hylocomium squarrosum

— triquetrus . . . . . = Hypnum triquetrum
Hylocomium triquetrum

Rhytidium rugosum . . = Hypnum rugosum
Hylocomium rugosum

Riccardia pinguis . . . = Aneura pinguis

Scleropodium purum . . . . . = Pseudoscleropodium purum
Sphagnum magellanicum = Sphagnum medium
— palustre . . . . . . = — cymbifolium
Syntrichia ruralis . . . . . . = Tortula ruralis
— subulata . . . . . . = — subulata

Tetraphis pellucida . . = Georgia pellucida
Thuidium abietinum . . = Abietinella abietina
— tamariscinum . . . = Thuidium tamariscifolium
Tortella inclinata . . . = Trichostomum inclinatum
— tortuosa . . . . . . = Barbula tortuosa
Trichostomum tortuosum
Tortula ruralis . . . . . = Syntrichia ruralis
— subulata . . . . . . = — subulata
Trichostomum flexicaule . . . . = Ditrichum flexicaule
— inclinatum . . . . = Tortella inclinata
— recurvirostre . . . . . . = Barbula recurvirostri
— tortuosum . . . . . = Tortella tortuosa

Webera cruda . . . . . . = Pohlia cruda
— nutans . . . . = — nutans
— sessilis . . . . = Diphyscium foliosum

Zweiter Teil.

Pteridophyta, Farnpflanzen.

(Farne[1]), Bärlappe und Schachtelhalme.)

Allosorus crispus . . . . =	Cryptogramma crispa
Aspidium aculeatum z. T. . . . . =	Polystichum setiferum
— aculeatum z. T. . . . . . =	Polystichum lobatum
— Braunii . . . . =	Polystichum Braunii
— cristatum . . . . =	Dryopteris cristata
— dilatatum . . . . . . =	Dryopteris austriaca subsp. dilatata (Dryopteris austriaca)
— Dryopteris . . . . . . =	Lastrea Dryopteris (Dryopteris disjuncta)
— Filix-mas . . . . =	Dryopteris Filix-mas
— lobatum . . . . =	Polystichum lobatum
— Lonchitis . . . . =	Polystichum Lonchitis
— montanum . . . . . . =	Lastrea Oreopteris (Dryopteris Oreopteris)
— Oreopteris . . . . =	Lastrea Oreopteris (Dryopteris Oreopteris)
— paleaceum . . . . =	Dryopteris paleacea
— Phegopteris . . . . . . =	Lastrea Phegopteris (Dryopteris Phegopteris)
— rigidum . . . . =	Dryopteris Villarii
— Robertianum . . . . . . =	Lastrea obtusifolia (Dryopteris obtusifolia)
— spinulosum . . . . . . =	Dryopteris austriaca subsp. spinulosa (Dryopteris spinulosa)
— Thelypteris . . . . . . =	Lastrea Thelypteris (Dryopteris Thelypteris)
Asplenium cuneïfolium . =	Asplenium serpentini
	— Forsteri
	— Adiantum-nigrum subsp. serpentini
Athyrium alpestre . . . =	Athyrium rhaeticum

[1]) Vgl. Janchen E., Übersicht der Farne Österreichs. Diese Schriftenreihe, Heft IV (1951), Seite 39—52.

Botrychium matricariae-
folium . . . . = Botrychium ramosum
— multifidum . . . . = — Matricariae

Cryptogramma crispa . . . . . = Allosorus crispus
Cystopteris fragilis . . = Cystopteris Filix-fragilis
— regia . . . . = (— fragilis subsp. alpina)
          — alpina

Diphasium alpinum . . . . . . = Lycopodium alpinum
— complanatum . . . . . = — complanatum
— thyoides . . . . . . = — thyoides
         (— complanatum subsp.
           Chamaecyparissus)

Dryopteris austriaca
subsp. dilitata . . . . . = (Dryopteris austriaca)
         Dryopteris dilatata
         Aspidium dilatatum
         Nephrodium austriacum
         Nephrodium dilatatum

— austriaca subsp.
  spinulosa . . . . = (Dryopteris spinulosa)
         Aspidium spinulosum
         Nephrodium spinulosum

— Borreri . . . . = Dryopteris paleacea
— cristata . . . . . . = Aspidium cristatum
         Nephrodium cristatum

— dilatata . . . . = Dryopteris austriaca subsp.
         dilatata
         (Dryopteris austriaca)
— Filix-mas . . . . . = Aspidium Filix-mas
         Nephrodium Filix-mas

— Filix-mas var. Borreri . . . = Dryopteris paleacea
— Linnaeana . . . . . . = Lastrea Dryopteris
         (Dryopteris disjuncta)

— montana . . . . = Lastrea Oreopteris
         (Dryopteris Oreopteris)
(— obtusifolia) . . . . = Lastrea obtusifolia
(— Oreopteris) . . . . = Lastrea Oreopteris
— paleacea . . . . . . = Dryopteris Borreri
         Dryopteris paleacea var. Borreri
         Aspidium paleaceum

(— Phegopteris) . . . . = Lastrea Phegopteris
— pulchella . . . . . . = Lastrea Dryopteris
         (Dryopteris disjuncta)

— rigida . . . . = Dryopteris Villarii
— Robertiana . . . . . . = Lastrea obtusifolia
         (Dryopteris obtusifolia)
(— spinulosa) . . . . . = Dryopteris austriaca subsp.
         spinulosa

(Dryopteris
    Thelypteris) . . . . = Lastrea Thelypteris
 — Villarii . . . . . . = Dryopteris Villarsii
                             Dryopteris rigida
                             Aspidium rigidum
                             Nephrodium Villarsii
                             Nephrodium rigidum

Equisetum fluviatile . . = Equisetum limosum
 — hiemale . . . . . . = Hippochaete hiemalis
 — maximum . . . . . = Equisetum Telmateja
 — ramosissimum . . . = Hippochaete ramosissima
 — variegatum . . . = Hippochaete variegata

Gymnocarpium: . . . . . . = siehe Lastrea

Hippochaete: . . . . = siehe Equisetum
(Huperzia Selago) . . . . = Lycopodium Selago

Lastrea Dryopteris . . . = (Dryopteris disjuncta)
                             Dryopteris Linnaeana
                             Dryopteris pulchella
                             Thelypteris Dryopteris
                             Gymnocarpium Dryopteris
                             Phegopteris Dryopteris
                             Aspidium Dryopteris
                             Nephrodium Dryopteris
Lastrea obtusifolia . . . = (Dryopteris obtusifolia)
                             Lastrea Robertiana
                             Dryopteris Robertiana
                             Thelypteris Robertiana
                             Gymnocarpium obtusifolium
                             Gymnocarpium Robertianum
                             Phegopteris Robertiana
                             Aspidium Robertianum
                             Nephrodium Robertianum
Lastrea Oreopteris . . .   (Dryopteris Oreopteris)
                             Dryopteris montana
                             Thelypteris Oreopteris
                             Aspidium Oreopteris
                             Aspidium montanum
                             Nephrodium Oreopteris
                             Nephrodium montanum
Lastrea Phegopteris . . = (Dryopteris Phegopteris)
                             Thelypteris Phegopteris
                             Gymnocarpium Phegopteris
                             Phegopteris connectilis
                             Phegopteris polypodioides
                             Phegopteris vulgaris
                             Aspidium Phegopteris
                             Nephrodium Phegopteris

2   13

Lastrea Robertiana . . . . = Lastrea obtusifolia)
(Dryopteris obtusifolia)
Lastrea Thelypteris . . = (Dryopteris Thelypteris)
Thelypteris palustris
Aspidium Thelypteris
Nephrodium Thelypteris
Lepidotis inundata . . . . . . = Lycopodium inundatum
Lycopodium alpinum . . = Diphasium alpinum
— Chamaecyparissus . . . . = Lycopodium thyoides
(Lycopodium complana-
tum subsp. Chamaecypa-
rissus)

— complanatum . . . . = Diphasium complanatum
(— complanatum subsp.
Chamaecyparissus) . = Lycopodium thyoides
— complanatum subsp.
tristachyum . . . . . . = Lycopodium thyoides
— inundatum . . . . . = Lepidotis inundata
— Selago . . . . = (Huperzia Selago)
Urostachys Selago
— thyoides . . . . . . = (Lycopodium complanatum subsp. Chamaecypa-
rissus)
Lycopodium complanatum subsp.
tristachyum
Lycopodium tristachyum
Lycopodium Chamaecyparissus
Diphasium thyoides
— tristachyum . . . . . . = Lycopodium thyoides

Matteuccia Struthiopteris . . . = Struthiopteris Filica-
strum

Nephrodium: . . . . = siehe Dryopteris

Onoclea Struthiopteris . . . . . = Struthiopteris Filica-
strum

Phegopteris connectilis . . . . . = Lastrea Phegopteris
(Dryopteris Phegopteris)
— Dryopteris . . . . . . = Lastrea Dryopteris
(Dryopteris disjuncta)
— polypodioides . . . . . . = Lastrea Phegopteris
(Dryopteris Phegopteris)
— Robertiana . . . . . . = Lastrea obtusifolia
(Dryopteris obtusifolia)
— vulgaris . . . . = Lastrea Phegopteris
(Dryopteris Phegopteris)
Phyllitis Scolopendrium = Scolopendrium vulgare
— officinarum

14

Polystichum aculeatum . . . = Polystichum setiferum
  — Braunii . . . . = Polystichum paleaceum
                             Aspidium Braunii
  — lobatum . . . . . . = Aspidium lobatum
                             Aspidium aculeatum z. T.
  — Lonchitis . . . . . . = Aspidium Lonchitis
  — paleaceum . . . . . . = Polystichum Braunii
  — setiferum . . . . . . = Polystichum aculeatum
                             Aspidium aculeatum z. T.

Scolopendrium officinarum . . . = Phyllitis Scolopendrium
  — vulgare . . . . = Phyllitis Scolopendrium
Struthiopteris Filica-
strum . . . . = Struthiopteris germanica
                             Matteuccia Struthiopteris
                             Onoclea Struthiopteris

Thelypteris Dryopteris . . . . = Lastrea Dryopteris
                             (Dryopteris disjuncta)
  — Oreopteris . . . . = Lastrea Oreopteris
                             (Dryopteris Oreopteris)
  — palustris . . . . = Lastrea Thelypteris
                             (Dryopteris Thelypteris)
  — Phegopteris . . . . . . = Lastrea Phegopteris
                             (Dryopteris Phegopteris)
  — Robertiana . . . . . . = Lastrea obtusifolia
                             (Dryopteris obtusifolia)

Urostachys Selago . . . . . . = Lycopodium Selago
                             (Huperzia Selago)

Woodsia alpina . . . . = Woodsia hyperborea
                             — ilvensis subsp. alpina
  — ilvensis . . . . = — rufidula
                             — ilvensis subsp. rufidula
  — pulchella . . . . . . = — glabella z. T.[2]

---

[2]) Die echte *W. glabella* wächst nicht in Österreich.

15

Dritter Teil.

Gymnospermae, Nacktsamer.

(Coniferae, Nadelhölzer.)

Abies alba . . . . = Abies pectinata
— Douglasii . . . . = Pseudotsuga Menziesii

Biota orientalis . . . . = (Thuja orientalis)

Juniperus Sabina . . . = Sabina vulgaris
                           — officinalis
— sibirica . . . . . . = (Juniperus communis subsp. nana)
                           — nana
                           — alpina
                           — communis var. alpina

Larix decidua . . . . . . = Larix europaea

Picea Douglasii . . . . . . = Pseudotsuga Menziesii
— excelsa . . . . . . = Picea Abies[1])
— excelsa subsp. alpestris = Picea alpestris
Pinus austriaca . . . . . . = Pinus nigra
— Banksiana . . . . = — divaricata
— divaricata . . . . . = — Banksiana
— engadinensis . . . . . . = — silvestris subsp. engadinensis
— Laricio subsp. nigra . . . = — nigra
— montana . . . . = — Mugo
— Mughus . . . . = — Mugo
— Mugo . . . . = — montana
                           — Pumilio
                           — Mughus
— Mugo subsp. rotundata = (— rotundata)
                           — uliginosa
— Mugo subsp. uncinata . = (— uncinata)

---

[1]) Regelgemäßer Name, der aber zu ständigen Verwechslungen und Irrtümern Anlaß geben muß und daher abzulehnen ist.

16

Pinus nigra . . . . == Pinus nigricans
           — austriaca
           — Laricio subsp. nigra
           — nigra var. austriaca
 — nigricans . . . . . . == — nigra
 — Pumilio . . . . == — Mugo
(— rotundata) . . . . . == — Mugo subsp. rotundata
 — silvestris subsp. engadinensis . . . . . . == — engadinensis
 — uliginosa . . . . . . == — Mugo subsp. rotundata
(— uncinata) . . . . . == — Mugo subsp. uncinata
Pseudotsuga Menziesii . == Pseudotsuga taxifolia
           Pseudotsuga Douglasii
           Abies taxifolia z. T.[2])
           Abies Menziesii
           Abies Douglasii
           Picea Douglasii
           Tsuga Douglasii

Sabina officinalis . . . . == Juniperus Sabina
 — vulgaris . . . . == Juniperus Sabina

(Thuja orientalis) . . . == Biota orientalis
 — plicata . . . . == Thuja gigantea
Tsuga Douglasii . . . . . . == Pseudotsuga Menziesii

---

[2]) *Abies taxifolia* Lamb., non Desf.

Vierter Teil.

Angiospermae, Decksamer.

(Bedecktsamige Blütenpflanzen.)

Acer dasycarpum . . . . = Acer saccharinum z. T.[1]
(Silber-Ahorn)
— Negundo . . . . . . = (Negundo aceroides)
      — fraxinifolium

Achillea dentifera . . . . = Achillea distans
— distans s. l. . . . . . = — tanacetifolia s. l.
— distans s. str. . . . . . = — distans subsp. lanata
— distans subsp. distans[2] . . = — distans subsp. lanata[2]
— distans subsp. lanata[2] = — tanacetifolia subsp. lanata
      — tanacetifolia subsp. distans
      — distans subsp. distans[2]
      — distans s. str.
      — lanata
      — dentifera
— distans subsp. stricta = — tanacetifolia subsp. stricta
      — stricta
— distans subsp. tana-
  cetifolia . . . . . . = — tanacetifolia subsp. eu-tanaceti-
      folia
      — tanacetifolia s. str.
— lanata . . . . = — distans subsp. lanata
— oxyloba . . . . . = Anthemis alpina
— stricta . . . . = Achillea distans subsp.
  stricta
— tanacetifolia s. l. . . . . . = — distans s. l.
— tanacetifolia s. str. . . . . = — distans subsp. tanaceti-
      folia
— tanacetifolia susp. distans . = — distans subsp. lanata
— tanacetifolia subsp. eu-tana-
  cetifolia . . . . = — distans subsp. tanaceti-
      folia
— tanacetifolia subsp. lanata . = — distans subsp. lanata
— tanacetifolia subsp. stricta . = — distans subsp. stricta

---

[1] Dieser Name bezeichnet auch den Zucker-Ahorn, *Acer saccharophorum.*

[2] Nach einer erst 1950 eingeführten neuen Bestimmung, deren Zweckmäßigkeit sehr zweifelhaft ist und deren Aufhebung von mancher Seite angestrebt wird, wäre der giltige Name *A. distans* subsp. *distans.*

Achnatherum Calama-
grostis . . . . = Lasiagrostis[3]) Calamagrostis
                            Stipa Calamagrostis

Achroanthes monophyl-
los . . . . = Malaxis[4]) monophyllos.
                          Microstylis monophyllos

Achyrophorus maculatus . . . . = Hypochoeris maculata
— uniflorus . . . . = — uniflora
Aconitum eustachyum . = Aconitum latemarense
— neomontanum. . . . = — neubergense
— variegatum . . . . = — rostratum
— Vulparia . . . . . . = — Lycoctonum z. T.[5])
Acorellus pannonicus . . . . . = Cyperus pannonicus
Actaea Cimicifuga z. T. . . . . = Cimicifuga europaea
Actaea spicata . . . . = Actaea nigra
Adenostyles Alliariae . = Adenostyles albifrons
— calcarea . . . . . . = (— glabra subsp. calcarea)
                            — crassifolia
— glabra . . . . = — alpina
Adonis aestivalis. . . . = Adonis phoenicea
                            — annua z. T.
— autumnalis . . . . . = — atrorubens
                            — atropurpurea
                            — annua z. T.

Aegilops cylindrica. . . = Triticum cylindricum
Aesculus carnea . . . . = Aesculus rubicunda
Agropyron biflorum. . . . = Agropyron caninum var.
                             biflorum
— caninum . . . . . . = Triticum caninum
                          Roegneria canina
— caninum var. biflorum = Agropyron biflorum
                           Triticum biflorum
— cristatum . . . . . . = Triticum cristatum
— glaucum . . . . = Agropyron intermedium
— intermedium . . . . = Agropyron glaucum
                          Triticum intermedium
                          Triticum glaucum
                          Elytrigia intermedia

— intermedium subsp.
  glaucum[6]) . . . . . = Agropyron intermedium
                           s. str.
                           — intermedium subsp. inter-
                           medium[6])

---

[3]) Der eingebürgerte Gattungsname *Lasiagrostis* müßte, um beibehalten werden zu können, gegenüber dem älteren Namen *Achnatherum* auf der Ausnahmsliste geschützt werden.

[4]) Der Gattungsname *Malaxis* (siehe dort) wurde in verschiedenem Sinne gebraucht.

[5]) Das echte *A. Lycoctonum*, das besser *A. septentrionale* genannt wird, ist eine nordeuropäische Pflanze und kommt in Österreich nicht vor.

[6]) Nach einer etwas anfechtbaren neuen Bestimmung wäre subsp. *intermedium* die giltige Bezeichnung. Vgl. die Fußnote zu *Achillea distans*.

Agropyron intermedium
    subsp. trichophorum . = Agropyron trichophorum
                              Triticum trichophorum
 — repens . . . . = Triticum repens
                              Elytrigia repens
 — trichophorum . . . . = Agropyron intermedium
                              subsp. trichophorum

Agrostis alba . . . . . . = Agrostis stolonifera s. l.
 — alba subsp. gigantea . . . = — stolonifera subsp.
                              gigantea
 — alba subsp. stolonifera . . . = — stolonifera subsp.
                              stolonifera
 — gigantea . . . . = — stolonifera subsp.
                              gigantea
 — interrupta . . . . = Apera interrupta
 — Schraderiana . . . . . = Calamagrostis humilis
 — spica-venti . . . . = Apera spica-venti
 — stolonifera s. l. . . . = Agrostis alba
 — stolonifera s. str. . . . . . = — stolonifera subsp.
                              stolonifera
 — stolonifera subsp.
    gigantea . . . . . . = — alba subsp. gigantea
                              — gigantea
 — stolonifera subsp.
    stolonifera . . . . . = — alba subsp. stolonifera
                              — stolonifera s. str.
 — tenella . . . . = Calamagrostis humilis
 — tenuis . . . . = Agrostis vulgaris
 — vulgaris . . . . = Agrostis tenuis
Ailanthus peregrina . . = Ailanthus glandulosa
                              — altissima
                              — Cacodendron

Aïra caespitosa . . . . = Deschampsia caespitosa
 — flexuosa . . . . = Deschampsia flexuosa
 — litoralis . . . . = Deschampsia caespitosa
                              subsp. litoralis

Alcea rosea . . . . = Althaea rosea
Alchemilla alpestris . . . . = Alchemilla glabra
(— arvenis) . . . . . . = Aphanes arvensis
 -- asterophylla . . . . . . = Alchemilla plicatula
 — conjuncta: . . . . . = Sammelname für die Kleinarten am-
                            phisericea, anisiaca, Hoppeana,
                            pallens und plicatula
 — connivens . . . . . = Alchemilla montana z. T.
 — fissa s. l.: . . . . . . = Sammelname für die Kleinarten
                            firma, fissa, flexicaulis und incisa
 — fissa s. str. . . . . . . = Alchemilla glaberrima z. T.
 — glaberrima z. T. . . . . . = Alchemilla fissa
 — glaberrima z. T. . . . . . = — reniformis
 — glabra . . . . = — alpestris

Alchemilla glaucescens[7] . . = Alchemilla hybrida[7]
— hybrida[7] . . . . . = Alchemilla glaucescens[7]
        — pubescens
        — montana z. T.

(— microcarpa) . . . = Aphanes microcarpa
— montana z. T. . . . . . = Alchemilla hybrida
— montana z. T. . . . . . = — connivens
— plicatula . . . . = — asterophylla
— pratensis z. T. . . . . . = — subcrenata
— pratensis z. T. . . . . . = — xanthochlora
— pubescens . . . . . . = — hybrida
— reniformis . . . . . = — glaberrima z. T.
— subcrenata . . . . = — pratensis z. T.
— vulgaris: . . . . . . Sammelname für sehr zahlreiche Kleinarten, von denen über 20 auch in Österreich vorkommen.

— xanthochlora . . . = Alchemilla pratensis z. T.
Alectorolophus: . . . . siehe Rhinanthus
Alisma arcuatum . . . . = Alisma Loeselii
— gramineum . . . . . . = — Loeselii
— graminifolium . . . . . = — Loeselii
— lanceolatum . . . . = — stenophyllum
— Loeselii . . . . . . = — arcuatum
        — graminifolium
        — gramineum

— natans . . . . = Luronium natans[7b]
        Elisma natans[7b]
— parnassifolium . . . . . = Caldesia parnassifolia
— Plantago-aquatica . = Alisma Plantago
— stenophyllum . . . . . = Alisma lanceolatum
Alliaria officinalis . . = Alliaria alliacea
        — petiolata
        Sisymbrium Alliaria
Allium angulosum . . . = Allium acutangulum
— montanum . . . . . = Allium senescens subsp. montanum[8]
        — senescens var. calcareum[8]
        — fallax
— Schoenoprasum subsp. sibiricum . . . . . = (— sibiricum)
        — foliosum
Alnus glutinosa . . . . = Alnus rotundifolia
— viridis . . . . = — Alnobetula
Alopecurus aequalis . . = Alopecurus fulvus
— myosuroides . . . . = — agrestis

---

[7] Welcher der beiden Namen vorzuziehen und als giltig anzunehmen ist, darüber sind die Ansichten der Fachleute geteilt.

[7b] Der eingebürgerte Gattungsname *Elisma* müßte, um beibehalten werden zu können. gegenüber dem älteren Namen *Luronium* auf der Ausnahmsliste geschützt werden.

[8] Das echte *Allium senescens* (subsp. *baicalense*) ist eine asiatische Pflanze.

Alsine: . . . .   siehe M i n u a r t i a
A l y s s u m   c a l y c i n u m . . . = Alyssum Alyssoides[9])
  — d e s e r t o r u m . . . . . =   — minimum
  — incanum . . . . = B e r t e r o a   i n c a n a
  — m u r a l e . . . . = Alyssum argenteum
  — s a x a t i l e . . . . . . = Alyssum Arduini
A m a r a n t u s   a d s c e n d e n s . = A m a r a n t u s   viridis
                  — commutatus
                  — lividus var. adscendens
                  — Blitum z. T.
  — angustifolius subsp. silvester =   — s i l v e s t e r
  — Blitum z. T. . . . . =   — a d s c e n d e n s
  — Blitum z. T. . . . . =   — s i l v e s t e r
  — c h l o r o s t a c h y s . . . =   — hybridus subsp. chlorostachys
  — commutatus . . . . . . =   — a d s c e n d e n s
  — cruentus . . . . =   — p a n i c u l a t u s
  — Delileï . . . . =   — r e t r o f l e x u s   var.   D e l i-
                        l e ï
  — hybridus subsp. chlorostachys =   — c h l o r o s t a c h y s
  — hybridus subsp. paniculatus . =   — p a n i c u l a t u s
  — lividus var. adscendens . . =   — a d s c e n d e n s
  — p a n i c u l a t u s . . . . =   — hybridus subsp. paniculatus
                  — cruentus
  — r e t r o f l e x u s   var.
    D e l i l e ï . . . . =   — Delileï
  — s i l v e s t e r . . . . . . =   — angustifolius subsp. silvester
                  — Blitum z. T.
  — viridis . . . . =   — a d s c e n d e n s
A m b r o s i a   e l a t i o r . . . . = Ambrosia artemisiifolia z. T.[10])
A m e l a n c h i e r   o v a l i s . . . = Amelanchier vulgaris
                  — rotundifolia
A m y g d a l u s   c o m m u n i s . . = (P r u n u s   A m y g d a l u s)
                  — communis z. T.[11])
  — n a n a . . . . = (P r u n u s   t e n e l l a)
                  — nana z. T.[12])
  — t r i l o b a . . . . = (P r u n u s   t r i l o b a)
A n a c h a r i s   c a n a d e n s i s . . = Elodea[13]) canadensis
                Helodea[13]) canadensis
  — d e n s a . . . . = Elodea[13]) densa
                Helodea[13] densa
A n a g a l l i s   a r v e n s i s . . . = Anagallis arvensis subsp. phoenicea
  — f e m i n a . . . . =   — coerulea
                  — arvensis subsp. coerulea
A n c h u s a   arvensis . . . . . = L y c o p s i s   a r v e n s i s
  — i t a l i c a . . . . = Anchusa azurea

---

[9]) Regelgemäßer, aber widersinniger Name.
[10]) *A. artemisiifolia* T o r r e y ·et G r a y et auct. europ., non L i n n é.
[11]) *P. communis* (L.) A r c a n g e l i, non H u d s o n.
[12]) *P. nana* (L.) S t o k e s, non D u r o i.
[13]) Um den wenig gebräuchlichen Namen *Anacharis* zu vermeiden, müßte *Helodea* (oder *Elodea*) auf der Ausnahmsliste der Gattungen geschützt werden.

Andropogon cernuus . . . . . = Sorgum cernuum
 — Gryllus . . . . = Chrysopogon Gryllus
 — halepensis . . . . . . = Sorgum halepense
 — Ischaemum . . . . . = Botriochloa Ischaemum
 — saccharatus . . . . . . = Sorgum Dochna
 — Sorgum . . . . . . = Sorgum bicolor
Androsace alpina . . . = Androsace glacialis
Aretia alpina
 — alpina var. tiroliensis = Androsace tiroliensis
 — Hausmannii . . . . = Aretia Hausmannii
 — helvetica . . . . . = Aretia helvetica
 — Wulfeniana . . . . = Aretia Wulfeniana
Androsaemum officinale . . . . = Hypericum Androsaemum
Anemone alba . . . . = Pulsatilla alpina subsp.
alpicola
(Pulsatilla micrantha)
 — alpina . . . . = Pulsatilla alpina
 — alpina subsp. eu-alpina . . = Pulsatilla alpina subsp.
myrrhidifolia
(Pulsatilla alpina s. str.)
 — grandis . . . . = Pulsatilla vulgaris subsp.
grandis
(Pulsatilla grandis)
 — Halleri subsp. stiriaca . . . = Pulsatilla stiriaca
 — Hepatica . . . . . . = Hepatica nobilis
 — montana . . . . . . = Pulsatilla montana
 — nigricans . . . . = Pulsatilla nigricans
 — oenipontana . . . . . . = Pulsatilla vulgaris subsp.
oenipontana
(Pulsatilla oenipontana)
 — pratensis subsp. montana . . = Pulsatilla montana
(Pulsatilla pratensis
subsp. montana)
 — pratensis subsp. nigricans . = Pulsatilla nigricans
(Pulsatilla pratensis
subsp. nigricans)
 — Pulsatilla . . . . . . = Pulsatilla vulgaris
 — stiriaca . . . . = Pulsatilla stiriaca
 — sulphurea . . . . . . = Pulsatilla alpina subsp.
sulphurea
(Pulsatilla sulphurea)
 — vernalis . . . . = Pulsatilla vernalis
Angelica Archangelica . = Archangelica officinalis
Archangelica sativa
 — palustris . . . . . . = Angelica pratensis
Ostericum palustre
 — silvestris subsp.
elatior . . . . . . = (Angelica montana)
Angelica elatior
 — verticillaris . . . . . . = Peucedanum verticillare

Anisantha sterilis . . . . . . = Bromus sterilis
— tectorum . . . . = — tectorum
Antennaria carpatica. . = Gnaphalium carpaticum
— dioica . . . . . . = — dioicum
Anthemis alpina . . . . = Achillea oxyloba
Anthemis orientalis . . = Anthemis montana
— ruthenica . . . . . = — Neilreichii
Anthoxanthum Puelii . = Anthoxanthum aristatum z. T.[14]
Anthriscus Cerefolium
subsp. trichosperma . . . = Anthriscus trichosperma
— nitida . . . . = — alpestris
      — silvestris subsp. alpestris
      — silvestris subsp. nitida
    Chaerophyllum nitidum
— scandicina . . . . . = Anthriscus Scandix
      — vulgaris z. T.[15]
(Anthyllis affinis) . . . = Anthyllis Vulneraria
    subsp. affinis
      — carpathica
— alpestris . . . . = — Vulneraria subsp.
    alpestris
    (— alpicola)
(— alpicola) . . . . . . = — Vulneraria subsp.
    alpestris
    — alpestris
— carpathica . . . . = — Vulneraria subsp.
    affinis
    (— affinis)
(— Dillenii) . . . . . . = — Vulneraria subsp.
    rubriflora
    — rubriflora
    — rubicunda z. T.
— Jacquini . . . . = — montana subsp. Jacquini[16]
(— macrocephala) . . . = — Vulneraria subsp.
    polyphylla
    — polyphylla
— montana subsp. Jacquini . . = — Jacquini
— polyphylla . . . . = — Vulneraria subsp.
    polyphylla
    (— macrocephala)
— rubicunda z. T. . . . . . = — Vulneraria subsp.
    rubriflora
    (— Dillenii)
— rubriflora . . . . = — Vulneraria subsp.
    rubriflora
    (— Dillenii)

---

[14] Das echte *A. aristatum* wurde in Mitteleuropa noch nicht beobachtet.
[15] *Anthriscus vulgaris* Pers., non Bernh.
[16] Nur diese Sippe wächst in Österreich.

24

(Anthyllis vulgaris) . . . = Anthyllis Vulneraria
           subsp. vulgaris

— Vulneraria subsp.
  affinis . . . . = (— affinis)
           — carpathica

— — subsp. alpestris . . = (— alpicola)
           — alpestris

— — subsp. Kerneri . . = — Vulneraria subsp.
           Vulneraria

— — subsp. Linnaei . . = — Vulneraria subsp.
           Vulneraria

— — subsp. polyphylla . = (— macrocephala)
           — polyphylla

— — subsp. Pseudovulneraria = — Vulneraria subsp.
           Vulneraria var.

— — subsp. vulgaris . . = (— vulgaris)
— — subsp. Vulneraria . = — Vulneraria subsp. Kerneri
           — Vulneraria subsp. Linnaei

Apera interrupta . . . . = Agrostis interrupta
— spica-venti . . . . = Agrostis spica-venti
Aphanes arvensis . . . = (Alchemilla arvensis)
— microcarpa . . . . . = (Alchemilla microcarpa)
Apium repens . . . . . = (Helosciadium repens)
Aquilegia atrata . . . . = Aquilegia atroviolacea
           — vulgaris subsp. atrata

Aquilegia nigricans . . = — vulgaris subsp. nigricans
Arabidopsis Thaliana . = Stenophragma Thalianum
           Sisymbrium Thalianum

Arabis albida . . . . . . = Arabis caucasica
— alpestris . . . . . . = — corymbiflora
— arenosa . . . . = Cardaminopsis arenosa
— bellidifolia . . . . . . = Arabis Jacquinii
— brassicaeformis . . . . = — pauciflora
— caucasica . . . . . = — albida
— ciliata . . . . = — corymbiflora
— corymbiflora . . . . = — ciliata
           — alpestris

— Gerardi . . . . = — hirsuta subsp. Gerardi
— glabra . . . . = Turritis glabra
— Halleri . . . . . . = Cardaminopsis Halleri
— hirsuta s. str. . . . . . = Arabis hirsuta subsp.
           sessilifolia

— hirsuta subsp. eu-hirsuta . . = — hirsuta subsp. sessili-
           folia

— hirsuta subsp. Allionii . . . = — hirsuta subsp. glabra
— hirsuta subsp. Gerardi = — hirsuta subsp. planisiliqua
           — Gerardi
           — nemorensis

— hirsuta subsp. glabra = — sudetica
           — hirsuta subsp. Allionii

Arabis hirsuta subsp.
planisiliqua . . . . . . == Arabis hirsuta subsp.
 Gerardi
— hirsuta subsp. sagittata == — sagittata
— hirsuta subsp. sessili-
folia[17]) . . . . == — hirsuta s. str.
 — hirsuta subsp. hirsuta[17])
 — hirsuta subsp. eu-hirsuta
— hispida . . . . == Cardaminopsis hïspida
— Jacquinii . . . . . . == Arabis bellidifolia
— neglecta . . . . == Cardaminopsis neglecta
— · nemorensis . . . . . . == Arabis hirsuta subsp.
 — Gerardi
— nova . . . . == — saxatilis
— pauciflora . . . . . == Arabis brassicaeformis
 Turritis alpina
— petraea . . . . == Cardaminopsis hispida
— sagittata . . . . == Arabis hirsuta subsp.
 sagittata
— saxatilis . . . . == — nova
— sudetica . . . . . . == — hirsuta subsp. glabra
Arachnospermum canum == Podospermum[18]) canum
 Podospermum Jacquinianum
 Scorzonera Jacquiniana
— laciniatum . . . . . == Podospermum[18]) laciniatum
 Scorzonera laciniata
Archangelica officinalis . . . . == Angelica Archangelica
— sativa . . . . == Angelica Archangelica
Arctium Lappa . . . . . == Lappa major
 Lappa officinalis
— minus . . . . == Lappa minor
— nemorosum . . . . . == Arctium macrospermum
 Arctium vulgare z. T.
 Lappa nemorosa
— tomentosum . . . . == Lappa tomentosa
Arctostaphylos[19]) alpina == (Arctous alpina)
 Uva-ursi[19]) alpina
Arctostaphylos[19]) Uva-
ursi . . . . == Arctostaphylos officinalis
 Uva-ursi[19]) procumbens
(Arctous alpina) . . . . == Arctostaphylos[19]) alpina
Arenaria leptoclados . . . . == Arenaria serpyllifolia
 subsp. leptoclados

---

[17]) Nach einer etwas anfechtbaren neuen Bestimmung wäre subsp. *hirsuta* die giltige Bezeich-
nung. Vgl. die Fußnote zu *Achillea distans*.

[18]) Wenn man den bekannteren Gattungsnamen *Podospermum* vorzieht, muß dieser auf der
Ausnahmsliste gegen *Arachnospermum* geschützt werden.

[19]) Der allgemein eingebürgerte Gattungsname *Arctostaphylos* (Adanson, 1763) muß gegen
den prioritätsberechtigten, aber völlig ungebräuchlichen Gattungsnamen *Uva-ursi* (Duha-
mel, 1755) auf der Ausnahmsliste geschützt werden.

26

Arenaria Marschlinsii . . . . == Arenaria serpyllifolia
                      subsp. Marschlinsii

— serpyllifolia subsp.
  glutinosa[20]) . . . . . == — viscida
— serpyllifolia subsp.
  leptoclados . . . . == — leptoclados
                      — serpyllifolia subsp. tenuior

— serpyllifolia subsp.
  Marschlinsii[21]) . . . == — Marschlinsii[21])
— serpyllifolia subsp. tenuior . == — serpyllifolia subsp.
                      leptoclados
— viscida . . . . == — serpyllifolia subsp.
                      glutinosa[20])

Aretia alpina . . . . == Androsace alpina
— Hausmanni . . . . . == Androsace Hausmanni
— helvetica . . . . . . == Androsace helvetica
— Wulfeniana . . . . . == Androsace Wulfeniana
Aria Chamaemespilus . . . . == Sorbus Chamaemespilus
— Mougeoti . . . . . . == Sorbus Mougeoti
— nivea . . . . == Sorbus Aria
Aristolochia durior . . == Aristolochia macrophylla
                      — Sipho
Armeniaca vulgaris . . == (Prunus Armeniaca)
Armeria alpina . . . . . == Statice alpina
                      Statice montana
— elongata . . . . . . == Armeria vulgaris
                      Armeria maritima subsp. elongata
                      Statice Armeria
                      Statice elongata
Armoracia lapathifolia == Armoracia rusticana
                      Cochlearia Armoracia
                      Rorippa Armoracia
                      Nasturtium Armoracia
Aronia rotundifolia . . . . . == Amelanchier ovalis
Aronicum Clusii . . . . . == Doronicum Clusii
— glaciale . . . . == Doronicum glaciale
— scorpioides . . . . . . == Doronicum grandiflorum
Arrhenatherum elatius . == Avena elatior
Artemisia alba . . . . . == Artemisia Lobelii
                      — camphorata
— alpina . . . . == — argyrea
— argyrea . . . . . . == — alpina
— borealis . . . . . . == — nana
— camphorata . . . . . == — alba
— Genipi . . . . == — spicata
— laxa . . . . == — umbelliformis
— Lobelii . . . . == — alba

---

[20]) Vielleicht nur Varietät.
[21]) Kann vielleicht als Art bewertet werden.

Artemisia maritima . . . = Artemisia monogyna
                     — Santonicum

  — monogyna . . . . =   — maritima
  — Mutellina . . . . =   — umbelliformis
  — nana . . . . =   — borealis
  — Santonicum . . . . . . =   — maritima
  — spicata . . . . =   — Genipi
  — umbelliformis . . . =   — laxa
                     — Mutellina

Aruncus vulgaris . . . . = Aruncus silvester
                     Spiraea Aruncus
Arundo Phragmites . . . . . = Phragmites communis
Asclepias syriaca . . . = Asclepias Cornuti
Asperula glauca . . . . = Asperula galioides
                     Galium glaucum
  — odorata . . . . . . = Galium odoratum
  — rivularis . . . . . . = Asperula Aparine
  — tinctoria . . . . . . = Galium triandrum
Aster Bellidiastrum . . = Bellidiastrum Michelii
  — canus . . . . = Aster punctatus subsp. canus
                     Galatella cana
  — chinensis . . . . . . = Callistephus chinensis
  — Linosyris . . . . . . = Linosyris vulgaris
  — Tradescanti . . . . = Aster parviflorus
Astragalus albidus . . = (Astragalus vesicarius
                       subsp. albidus)
  — alpinus . . . . = Phaca astragalina
  — australis . . . . = Astralagus helveticus
  — campestris . . . . . . = Oxytropis campestris
  — frigidus . . . . . . = Phaca frigida
  — helveticus . . . . . = Astragalus australis
                     Phaca helvetica
                     Phaca australis
  — lapponicus . . . . . = Oxytropis lapponica
  — montanus . . . . . . = Oxytropis montana
  — norvegicus . . . . . = Astragalus oroboides
  — oroboides . . . . . . = Astragalus norvegicus
  — penduliflorus . . . = Phaca alpina
  — pilosus . . . . = Oxytropis pilosa
  — sericeus . . . . = Oxytropis Halleri
  — tiroliensis . . . . . . = Oxytropis tiroliensis
  — triflorus . . . . . . = Oxytropis triflora
(— vesicarius subsp.
  albidus) . . . . . . = Astragalus albidus
Astrantia carinthiaca . . = Astrantia involucrata
                     — major subsp. involucrata
  — major . . . . =   — vulgaris
Atragene alpina . . . . . . = Clematis alpina
Atriplex maritima . . . = Atriplex arenaria
  — pedunculata . . . . . = Obione pedunculata

Atriplex pedunculata . . . . = (Halimione pedunculata)
 − portulacoides . . . . . . = Obione portulacoides
(Halimione portulacoides)

 − tatarica . . . . . . = Atriplex laciniata
Atropis: . . . . siehe Puccinellia
Avena alpestris . . . . . . = Trisetum alpestre
 − alpina . . . . = Helictotrichon[22]) alpinum
 − argentea . . . . = Trisetum argenteum
 − desertorum . . . . . . = Helictotrichon[22]) desertorum

 − distichophylla . . . . . . = Helictotrichon[22]) disticho-
phyllum

 − dubia . . . . = Ventenata dubia
 − elatior . . . . = Arrhenatherum elatius
 − flavescens . . . . = Trisetum flavescens
 − orientalis . . . . = Avena sativa subsp. contracta

 − Parlatorei . . . . = Helictotrichon[22]) Parlatorei

 − planiculmis . . . . . . = Helictotrichon[22]) planiculme

 − pratensis . . . . = Helictotrichon[22]) pratense
 − pubescens . . . . = Helictotrichon[22]) pubescens

 − sativa subsp. con-
tracta . . . . = Avena sativa subsp. orientalis
Avena orientalis

 − sativa subsp. diffusa[23]) = − sativa subsp. sativa[23])
 − sativa subsp. patula
 − sativa subsp. orientalis . . = − sativa subsp. contracta
 − sativa subsp. patula . . . . = − sativa subsp. diffusa
 − subspicata . . . . = Trisetum spicatum
 − versicolor . . . . = Helictotrichon[22]) versicolor

Avenastrum: . . . . siehe Helictotrichon
Azalea pontica . . . . = Rhododendron luteum
 − procumbens . . . . . . = Loiseleuria procumbens

Baeumerta Nasturtium-aquaticum . = Nasturtium officinale
Baldingera arundinacea . . . . = Typhoides arundinacea
Ballota alba . . . . . . = Ballota nigra subsp. foetida
 − ruderalis . . . . . = − nigra subsp. ruderalis
 − nigra s. str.

Barbaraea vulgaris . . . = Barbaraea lyrata
 − vulgaris subsp. arcuata = − iberica
Bassia hirsuta . . . . . = Echinopsilon hirsutus
Kochia hirsuta·

---

[22]) *Helictotrichon* (siehe dort) = *Avenastrum.*
[23]) Nach einer etwas anfechtbaren neuen Bestimmung wäre subsp. *sativa* die giltige Bezeichnung. Vgl. die Fußnote zu *Achillea distans.*

Bassia hyssopifolia . . . = Echinopsilon hyssopifolius
Batrachium aquatile . . = Batrachium heterophyllum
   Batrachium peltatum
   Ranunculus aquatilis
   Ranunculus heterophyllus
   Ranunculus peltatus

— circinatum . . . . . = Batrachium divaricatum
   Ranunculus circinatus
   Ranunculus divaricatus z. T.

— confusum . . . . = Batrachium Petiveri
— divaricatum . . . . . . = Batrachium circinatum
— flaccidum . . . . = Batrachium trichophyllum

— fluitans . . . . . . = Ranunculus fluitans
— heterophyllum . . . . . = Batrachium aquatile
— paucistamineum . . . . . = Batrachium trichophyllum

— peltatum . . . . = Batrachium aquatile
— Petiveri . . . . . . = Batrachium confusum
   Ranunculus Petiveri
   Ranunculus confusus

— trichophyllum . . . = Batrachium paucistamineum
   Batrachium flaccidum
   Ranunculus trichophyllus
      — paucistamineus
      — flaccidus
      — divaricatus z. T.

Bellidiastrum Michelii . . . . . = Aster Bellidiastrum
Berteroa incana . . . . . = Alyssum incanum
Berula erecta . . . . . . = (Sium erectum)
   Berula angustifolia
   Sium angustifolium

Betonica divulsa . . . . = Betonica Alepecuros subsp.
   Jacquini
   Stachys Jacquini
   Stachys Alopecuros subsp.
   Jacquini

— hirsuta . . . . = Stachys densiflora
   Stachys danica
   Stachys hirsuta

— officinalis . . . . . = Stachys officinalis
Betula pubescens (Moor-
   Birke) . . . . = Betula tomentosa
      — alba z. T.

— verrucosa (Gewöhnliche
   Birke) . . . . =   — pendula
      — alba z. T.

Blackstonia acuminata . = Blackstonia serotina
   Chlora acuminata
   Chlora serotina

Blackstonia acuminata . = Blackstonia perfoliata subsp.
serotina
— perfoliata . . . . . = Chlora perfoliata
Blitum capitatum . . . . . = Chenopodium capitatum
— virgatum . . . . = Chenopodium foliosum
Blysmus compressus . . . = Scirpus caricinus
Scirpus distichus
Scirpus compressus z. T.[24])

Bolboschoenus maritimus = Scirpus maritimus
Bothriochloa Ischaemum = Andropogon Ischaemum
Brassica cretica subsp.
botrytis . . . . = Brassica oleracea subsp. botrytis
— juncea . . . . = Sinapis juncea
— nigra . . . . = Sinapis nigra
— Rapa . . . . = Brassica campestris
— rupestris subsp. caulo-
rapa . . . . = — oleracea subsp. gongylodes
Bromus arvensis . . . . = Serrafalcus arvensis
— asper . . . . = Bromus ramosus (subsp.
Benekeni)
— Benekeni . . . . . . = Bromus ramosus subsp.
Benekeni
— commutatus . . . . = Bromus pratensis
Serrafalcus commutatus
— erectus . . . . . . = Zerna erecta
Schedonorus erectus
— hordeaceus . . . . . = Bromus mollis
— inermis . . . . . . = Zerna inermis
Schedonorus inermis
— japonicus . . . . . . = Bromus patulus
Serrafalcus patulus
mollis . . . . = Bromus hordeaceus
Serrafalcus mollis
— multiflorus . . . . . = Bromus secalinus
— patulus . . . . = Bromus japonicus
-- pratensis . . . . . . = Bromus commutatus
— racemosus . . . . . = Serrafalcus racemosus
— ramosus s. l. . . . . . = Bromus asper
Zerna ramosa s. l.
— ramosus s. str. . . . . . . = Bromus ramosus subsp.
ramosus
— ramosus subsp.
Benekeni . . . . . = Bromus asper s. str.
Bromus Benekeni
Zerna Benekeni
Schedonorus Benekeni
-- ramosus subsp. ramosus = Bromus ramosus s. str.
Bromus serotinus
Bromus ramosus subsp. serotinus

---

[24]) *S. compressus* Pers., non Moench.

Bromus ramosus subsp.
— ramosus . . . . . . == Zerna ramosa
                            Schedonorus serotinus
— secalinus . . . . . == Bromus multiflorus
                            Serrafalcus secalinus
— serotinus . . . . . . == B r o m u s r a m o s u s subsp.
                            r a m o s u s
— squarrosus . . . . . == Serrafalcus squarrosus
— sterilis . . . . == Anisantha sterilis
— tectorum . . . . . . == Anisantha tectorum
Brunella: . . . . , siehe P r u n e l l a
B u l b o c o d i u m v e r n u m . . == Colchicum Bulbocodium
Bulliarda aquatica . . . . . . == T i l l a e a a q u a t i c a
(B u p h t h a l m u m s p e c i o s u m) == T e l e k i a s p e c i o s a
B u p l e u r u m p r a e a l t u m . . == Bupleurum junceum

C a l a m a g r o s t i s agrostiflora . == C a l a m a g r o s t i s h u m i l i s
— arundinacea . . . . == — silvatica
— canescens . . . . . == — lanceolata
— Halleriana . . . . . . == — villosa
— humilis . . . . . . == — tenella
                            — agrostiflora
                         Agrostis Schraderiana
                         Agrostis tenella

— lanceolata . . . . == C a l a m a g r o s t i s c a n e s c e n s
— litorea . . . . == — P s e u d o p h r a g m i t e s
— montana . . . . == — v a r i a
— P s e u d o p h r a g m i t e s . == — litorea
— silvatica . . . . == — a r u n d i n a c e a
— tenella . . . . == — h u m i l i s
— varia . . . . == — montana
— villosa . . . . == — Halleriana
C a l a m i n t h a[25]) A c i n o s . . == Satureja Acinos
— alpina . . . . == Satureja alpina
— Brauneana . . . . . . == C a l a m i n t h a s u b i s o d o n t a
— C l i n o p o d i u m . . . . == Satureja vulgaris
                            Satureja Clinopodium
                            Clinopodium vulgare
— intermedia . . . . . . == C a l a m i n t h a o f f i c i n a l i s
— montana z. T. . . . . . == C a l a m i n t h a o f f i c i n a l i s
— nepetoides . . . . . == Satureja nepetoides
— officinalis . . . . . == Satureja Calamintha
                            Calamintha silvatica
                            Calamintha intermedia
                            Calamintha montana z. T.
— silvatica . . . . == C a l a m i n t h a o f f i c i n a l i s
— subisodonta . . . . == Calamintha Brauneana
                            Satureja subisodonta
                            Satureja Brauneana

---

[25]) Der Gattungsname *Calamintha* muß gegenüber dem Gattungsnamen *Clinopodium* auf der Ausnahmsliste geschützt werden.

Caldesia parnassifolia . = Alisma parnassifolium
Callianthemum
anemonoides . . . . . = Callianthemum rutaefolium z. T.
— corindrifolium . . . = — rutaefolium z. T.
Callistephus chinensis . = Aster chinensis
Callitriche verna . . . . = Callitriche palustris z. T.
Calluna vulgaris . . . . = Erica vulgaris
Caltha palustris subsp.
alpestris . . . . = Caltha alpestris
— — subsp. cornuta . . . = — cornuta
— — subsp. genuina[26]) . . = — palustris subsp. palustris[26])
                                                        — palustris s. str.
— — subsp. laeta . . . . = — laeta
                                                        — alpina
— — subsp. minor . . . . = — palustris subsp. decumbens
                                                        — palustris subsp. procumbens
                                                        — radicans
                                                        — procumbens
Calystegia sepium . . . . = Convolvulus sepium
Campanula Beckiana . . = Campanula Hostii
                                                        — pseudolanceolata
                                                        — lanceolata subsp. Beckiana
— breynina . . . . = — rotundifolia subsp.
                                                        breynina
— carnica . . . . = — linifolia
— cochleariifolia . . . = — pusilla
— Hostii . . . . = — Beckiana
— Kerneri . . . . = — Scheuchzeri subsp.
                                                        Kerneri
— lanceolata subsp. Beckiana . = — Beckiana
— lanceolata var. praesignis . . = — rotundifolia subsp.
                                                        praesignis
— linifolia . . . . . . = — carnica
— praesignis . . . . = — rotundifolia subsp.
                                                        praesignis
— pseudolanceolata . . . . . = — Beckiana
— pusilla . . . . = — cochleariifolia
— racemosa . . . . = — rotundifolia subsp.
                                                        racemosa
— rotundifolia subsp.
      breynina . . . . . = — breynina
— — subsp. praesignis . = — praesignis
                                                        — lanceolata var. praesignis
— — subsp. racemosa . . = — racemosa
— — subsp. solstitialis . = — solstitialis
— Scheuchzeri subsp.
      Kerneri . . . . . = — Kerneri
— — subsp. Witasekiana = — Witasekiana

<hr>

[26]) Nach einer etwas anfechtbaren neuen Bestimmung wäre subsp. *palustris* die giltige Bezeichnung. Vgl. die Fußnote zu *Achillea distans*.

Campanula solstitialis . . . == Campanula rotundifolia
subsp. solstitialis

— ʼ Witasekiana . . . . . . == — Scheuchzeri subsp.
Witasekiana

Camphorosma annua . . == Camphorosma ovata
Capsella pauciflora . . . . . == Hymenolobus pauciflorus
(Cardamine bulbifera) . == Dentaria bulbifera
— crassifolia . . . . == Cardamine pratensis subsp.
crassifolia

— dentata . . . . == — — subsp. dentata
(— enneaphyllos) . . . == Dentaria enneaphyllos
— flexuosa . . . . . . == Cardamine silvatica
— Hayneana . . . . . . == — pratensis subsp.
Matthioli

— Matthioli . . . . . . == — — subsp. Matthioli
— Nasturtium . . . . . == Nasturtium officinale
(— pentaphyllos) . . . == Dentaria pentaphyllos
— pratensis s. str. . . . . == Cardamine pratensis subsp.
eupratensis

— pratensis subsp.
crassifolia . . . . . == Cardamine crassifolia
— rivularis

— pratensis subsp.
dentata . . . . . . == — dentata
— pratensis subsp.
eupratensis[27]) . . . == — pratensis subsp. pratensis[27])
— pratensis s. str.

— pratensis subsp. Hayneana . == — pratensis subsp.
Matthioli

— pratensis subsp.
Matthioli . . . . . == — pratensis subsp. Hayneana
— Hayneana
— Matthioli

— rivularis . . . . == Cardamine pratensis subsp.
crassifolia

— savensis . . . . == Dentaria trifolia
(Cardamine Waldsteinii)

— silvatica . . . . == Cardamine flexuosa
(— Waldsteinii) . . . . == Dentaria trifolia
Cardaminopsis arenosa . . == Arabis arenosa
— Halleri . . . . == Arabis Halleri
— hispida . . . . == Arabis hispida
Arabis petraea

— neglecta . . . . . . == Arabis neglecta
Cardaminum Nasturtium . . . . == Nasturtium officinale
Cardaria Draba . . . . . == Lepidium Draba
Carduus alpestris . . . . . . == Carduus Carduelis
var. alpestris

---

[27]) Nach einer etwas anfechtbaren neuen Bestimmung wäre subsp. *pratensis* die giltige Bezeichnung. Vgl. die Fußnote zu *Achillea distans*.

Carduus arctioides	=	Carduus Carduelis
— Carduelis	=	— arctioides
		— defloratus subsp. Carduelis
— Carduelis var. alpestris	=	— alpestris
— defloratus[28]	=	— defloratus subsp. defloratus
— defloratus subsp. Carduelis	=	— Carduelis
— defloratus subsp. glaucus	=	— glaucus
— defloratus var. rhaeticus	=	— rhaeticus
— defloratus var. viridis	=	— viridis
— glaucus	=	— defloratus subsp. glaucus
— rhaeticus	=	— defloratus var. rhaeticus
— viridis	=	— defloratus var. viridis
Carex acuta z. T.	=	Carex gracilis
— acutiformis	=	— paludosa
— aethostachya	=	— parviflora
— alpestris	=	— Halleriana
— alpina z. T.	=	— angarae subsp. pusteriana
— alpina z. T.	=	— norvegica
— ampullacea	=	— rostrata
— angarae subsp. pusteriana	=	— Halleri z. T.
		— alpina z. T.
— approximata	=	— paradoxa
— aterrima	=	— atrata subsp. aterrima
— atrata subsp. aterrima	=	— aterrima
— atrata subsp. nigra	=	— parviflora
— atrofusca	=	— ustulata
— Bigelowii	=	— rigida
		— Fyllae
		— parviflora
— bina	=	— tenuis
— brachystachys	=	
— brizoides subsp. curvata	=	— curvata
		— praecox subsp. curvata
— Buxbaumii	=	— polygama z. T.
— caryophyllea	=	— verna
— contigua	=	— muricata z. T.
— curvata	=	— brizoides subsp. curvata
— Davalliana	=	— scabra
— diandra	=	— teretiuscula
— divulsa	=	— virens
		— muricata z. T.

---

[28] *C. defloratus* wird hier in einem mittleren Umfange gefaßt, nämlich mit Einbeziehung von *C. viridis* und *C. rhaeticus*, aber mit Ausschluß von *C. glaucus*, *C. Carduelis* und *C. alpestris* (= *C. Carduelis* var. *alpestris*).

Carex divulsa subsp. Leersii		Carex Pairaei subsp. Leersii
— echinata	=	— stellulata
— elata	=	— stricta
		— reticulosa
		— Hudsonii
— filiformis	=	— lasiocarpa
— flacca	=	— glauca
— fusca	=	— nigra z. T.[29]
		— Goodenovii
		— stolonifera
		— vulgaris
— Fyllae	=	— Bigelowii
— glauca	=	— flacca
— Goodenovii	=	— fusca
— gracilis	=	— acuta z. T.
— Halleri z. T.	=	— angarae subsp. pusteriana
— Halleri z. T.	=	— norvegica
— Halleriana	=	— alpestris
— Hartmani	=	— polygama z. T.
— Hornschuchiana	=	— Hostiana
— Hostiana	=	— Hornschuchiana
— Hudsonii	=	— elata
— incurva	=	— juncifolia
— inflata	=	— rostrata
— irrigua	=	— magellanica
— juncifolia	=	— incurva
— Lachenalii	=	— lagopina
— lagopina	=	— Lachenalii
— lasiocarpa	=	— filiformis
— Leersii	=	— Pairaei subsp. Leersii
— liparicarpos	=	— nitida
— magellanica	=	— irrigua
— maxima	=	— pendula
— melanostachya	=	— nutans
— muricata z. T.	=	— Pairaei
— muricata z. T.	=	— contigua
— muricata z. T.	=	— divulsa
— nemorosa	=	— vulpina subsp. nemorosa
— nigra z. T.[30]	=	— parviflora
— nigra z. T.[31]	=	— fusca
— nitida	=	— liparicarpos
— norvegica	=	— Halleri z. T.
		— alpina z. T.

---

[29] *Carex nigra* (L.) Reichard 1778, non All. 1785. Vgl. *C. parviflora.* Die Wiedereinführung des Namens *C. nigra* für *C. fusca* würde zu dauernden Verwechslungen und Irrtümern Anlaß geben.

[30] *Carex nigra* All. 1785, non (L.) Reichard 1778.

[31] *Carex nigra* (L.) Reichard 1778, non All. 1785.

Carex nutans . . . . = Carex melanostachya
— Otrubae . . . . = — vulpina subsp.
nemorosa

— Pairaei . . . . = — muricata z. T.
— Pairaei subsp. Leersii . = — Leersii
— divulsa subsp. Leersii

— paludosa . . . . = — acutiformis
— paradoxa . . . . = — appropinquata
— parviflora . . . . . = — nigra z. T.[30]
— aethostachya
— bina
— atrata subsp. nigra

— pediformis z. T. . . . . . = — rhizina
— pendula . . . . . = — maxima
— polygama z. T. . . . . . = — Buxbaumii
— polygama z. T. . . . . . = — Hartmani
— praecox . . . . = — Schreberi
— praecox subsp. curvata . . . = — brizoides subsp.
curvata

— reticulosa . . . . . . = — elata
— rhizina . . . . . . = — pediformis z. T.
— rigida . . . . = — Bigelowii
— rostrata . . . . . . = — inflata
— ampullacea

— scabra . . . . = — Davalliana
— Schreberi . . . . . . = — praecox
— sparsiflora . . . . . . = — vaginata
— stellulata . . . . . . = — echinata
— stolonifera . . . . . . = — fusca
— stricta . . . . = — elata
— supina . . . . = — Wohllebii
— tenuis . . . . = — brachystachys
— teretiuscula . . . . = — diandra[32]
— ustulata . . . . = — atrofusca
— vaginata . . . . . = — sparsiflora
— verna . . . . = — caryophyllea
— virens . . . . = — divulsa
— vulgaris . . . . = — fusca
— vulpina subsp.
nemorosa . . . . . . = — Otrubae
— nemorosa

— Wohllebii . . . . . = — supina
Carlina acaulis subsp. aggregata = Carlina acaulis subsp.
simplex

— acaulis subsp. simplex — — acaulis subsp. aggregata
— simplex
— aggregata

— aggregata . . . . = — acaulis subsp. simplex

---

[30] *Carex nigra* All. 1785, non (L.) Reichard 1778.
[32] Regelgemäßer, aber irreführender Name (nie zweimännig!).

Carlina intermedia . . . . = Carlina vulgaris subsp.
intermedia
— longifolia . . . . = — vulgaris subsp.
longifolia
— simplex . . . . = — acaulis subsp. simplex
— stricta . . . . = — vulgaris subsp.
longifolia
— vulgaris subsp.
intermedia . . . . . = — intermedia
— vulgaris subsp.
longifolia . . . . . = — vulgaris subsp. stricta
— vulgaris var. leptophylla
— vulgaris var. stenophylla
— stricta
— longifolia
— vulgaris subsp. stricta . . . = — vulgaris subsp.
longifolia
— vulgaris var. leptophylla . . = — vulgaris subsp.
longifolia
— vulgaris var. stenophylla . . = — vulgaris subsp.
longifolia
Castalia : . . . . siehe Nymphaea
Castanea sativa . . . . . =, Castanea vesca
— vulgaris
Caucalis Lappula . . . . = Caucalis daucoides
— echinophora
— Lappula subsp.
muricata . . . . . . = — muricata
(— latifolia) . . . . . . = Turgenia latifolia
(Centaurea alpestris) . . = Centaurea Scabiosa subsp.
alpestris
— Scabiosa subsp. alpina
— angustifolia . . . . . . = pannonica
(— Jacea subsp.
angustifolia)
— axillaris . . . . = — Triumfetti
(— badensis) . . . . . . = — Scabiosa subsp. badensis
— bracteata . . . . . . = — Gaudini
— Jacea subsp. Gaudini
— carniolica . . . . = — vochinensis
— Debeauxii . . . . . . = — nigra subsp. Debeauxii
— dubia s. str. . . . . . . = — transalpina
— dubia subsp. endubia . . . = — transalpina
— dubia subsp. nigrescens . . = — nigrescens
— dubia subsp. vochinensis . . = — vochinensis
— Gaudini . . . . = — bracteata
— heleniifolia . . . . . . = Rhaponticum lyratum
— Jacea s. str. . . . . . = Centaurea Jacea subsp. Jacea
(— Jacea subsp.
angustifolia) . . . . = — pannonica

Centaurea Jacea subsp. Gaudini	=	Centaurea bracteata
— Jacea subsp. Jacea	=	— Jacea s. str.
— Jacea subsp. macroptilon . .	=	— macroptilon
— lyrata	=	Rhaponticum lyratum
— maculosa subsp. micranthos .	=	Centaurea micranthos
— maculosa subsp. rhenana . .	=	— Stoebe
— micranthos	=	— Stoebe subsp. micranthos
		— maculosa subsp. micranthos
— nemoralis	=	— nigra subsp. nemoralis
— nervosa	=	— plumosa
— nigra subsp. Debeauxii . .	=	— Debeauxii
— nigrescens s. str. . . .	=	— nigrescens subsp. eunigrescens
— nigrescens subsp. eunigrescens	=	— nigrescens s. str.
— nigrescens subsp. transalpina	=	— transalpina
— nigrescens subsp. vochinensis	=	— vochinensis
— pannonica	=	(— Jacea subsp. angustifolia)
		— angustifolia
— phrygia subsp. pseudophrygia	=	— pseudophrygia
— phrygia subsp. stenolepis . .	=	— stenolepis
— plumosa	=	— nervosa
— pseudophrygia . . .	=	— phrygia subsp. pseudophrygia
— Rhapontica subsp. lyrata . .	=	Rhaponticum lyratum
— rhenana	=	Centaurea Stoebe
— Sadleriana	=	— Scabiosa subsp. Sadleriana
— Scabiosa s. str.	=	— Scabiosa subsp. Scabiosa
— Scabiosa subsp. alpestris	=	(— alpestris)
— Scabiosa subsp. alpina . .	=	— Scabiosa subsp. alpestris
		(— alpestris)
— Scabiosa subsp. badensis	=	(— badensis)
— Scabiosa subsp. Sadleriana .	=	— Sadleriana
— Scabiosa subsp. Scabiosa . .	=	— Scabiosa s. str.
— stenolepis	=	— phrygia subsp. stenolepis
— Stoebe	=	— rhenana
		— Stoebe subsp. rhenana
		— maculosa subsp. rhenana
— Stoebe subsp. micranthos . .	=	— micranthos
— Stoebe subsp. rhenana . . .	=	— Stoebe s. str.
— transalpina	=	— dubia
		— nigrescens subsp. transsilvanica
— Triumfetti	=	— variegata
		— axillaris
— variegata	=	— Triumfetti
— vochinensis	=	— carniolica
		— nigrescens subsp. vochinensis

Centaurium minus . . . = Centaurium umbellatum
Erythraea Centaurium

— pulchellum . . . . . = Erythraea pulchella
Erythraea ramosissima

— vulgare subsp.
uliginosum . . . . = Centaurium uliginosum
Erythraea linariaefolia
Erythraea vulgaris subsp. uliginosa

Centrosis abortiva . . . . . . = Limodorum abortivum
Cephalanthera Damaso-
nium . . . . = Cephalanthera alba
— pallens
— grandiflora
— latifolia
— lonchophyllum
— longifolia . . . . . = — ensifolia
— xiphophyllum

Cerastium aquaticum . . . = Malachium aquaticum
— anomalum . . . . . . = Cerastium dubium
— arvense subsp. ciliatum . . = — strictum subsp.
ciliatum
— arvense subsp. rigidum . . = — strictum subsp.
ciliatum

— brachypetalum subsp.
Tenoreanum . . . . = — Tenoreanum
— caespitosum . . . . . = — vulgatum
— Cerastoides . . . . = — lapponicum
— ciliatum . . . . . . = — strictum subsp.
ciliatum
— dubium . . . . . . = — anomalum
Stellaria viscida
— filiforme . . . . = Cerastium pedunculatum
— glomeratum . . . . . . = — viscosum
— glutinosum . . . = — pallens
— pumilum subsp. pallens
— holosteoides . . . . . . = — vulgatum
— julicum . . . . . . = — rupestre
— lapponicum . . . . = — Cerastoides[33]
— trigynum
Stellaria Cerastoides
— latifolium subsp. uniflorum . = Cerastium uniflorum
— longirostre . . . . = — macrocarpum
— vulgatum var. nemorale
— macrocarpum . . . . . = — longirostre
— obscurum . . . . = — pumilum
— pallens . . . . = — glutinosum
— pedunculatum . . . = — filiforme
— pumilum . . . . . . = — obscurum
— pumilum subsp. obscurum

---

[33]) Regelgemäßer, aber widersinniger Name.

40

Cerastium pumilum subsp.
  obscurum . . . . = Cerastium pumilum
— pumilum subsp. pallens . . = — glutinosum
— rigidum . . . . = — strictum subsp.
    ciliatum
— rupestre . . . . = — julicum
— strictum subsp.
  ciliatum . . . . . . = — arvense subsp. rigidum
    — arvense subsp. ciliatum
    — rigidum
    — **ciliatum**
— Tenoreanum . . . . . . = — brachypetalum subsp.
    Tenoreanum
— trigynum . . . . = — lapponicum
— triviale . . . . = — vulgatum
— uniflorum . . . . . = — latifolium subsp. uniflorum
— viscosum . . . . . . = — glomeratum
— vulgatum . . . . . = — caespitosum
    — holosteoides
    — triviale
— vulgatum subsp. nemorale . = — longirostre
Cerasus avium . . . . . = (Prunus avium)
— fruticosa . . . . . = (Prunus fruticosa)
    Prunus Chamaecerasus
    Prunus pumila z. T.[34])
— Mahaleb . . . . . . = (Prunus Mahaleb)
— vulgaris . . . . . = (Prunus Cerasus)
Ceratocephalus falcatus = (Ranunculus falcatus)
— testiculatus . . . . = (Ranunculus testiculatus)
    Ceratocephalus orthoceras
Cerinthe glabra . . . . . = Cerinthe alpina
Chaenomeles speciosa . = Chaenomeles lagenaria
    Chaenomeles japonica z. T.
    Cydonia japonica z. T.
Chaenorrhinum minus . = Linaria minor
Chaerefolium: . . . . siehe Anthriscus
Chaerophyllum Cicuta-
ria . . . . = Chaerophyllum hirsutum z. T.
— nitidum . . . . = Anthriscus nitida
— silvestre . . . . = Anthriscus silvestris
— Villarsii . . . . . = Chaerophyllum hirsutum z. T.
Chaiturus Marrubiastrum . . = Leonurus Marrubiastrum
(Chamaebuxus alpestris) = Polygala Chamaebuxus
Chamaemelum inodorum . . = Matricaria inodora
Chamaemespilus humilis . . . = Sorbus Chamaemespilus
Chamaenerion angusti-
folium . . . . = Epilobium angustifolium
— Fleischeri . . . . . = Epilobium Fleischeri
— palustre . . . . . . = Epilobium Dodonaei
    Epilobium rosmarinifolium

---

[34]) *P. pumila* Lumnitzer, non Linné.

Chamaeorchis alpina . . = Chamorchis[35]) alpina
Cheiranthus Cheiri . . . = Erysimum Cheiri
Chenopodium capitatum = Blitum capitatum
— ficifolium . . . . . = Chenopodium serotinum
— foetidum . . . . = Chenopodium Schrade-
      rianum

— foliosum . . . . . . = Blitum virgatum
— leptophyllum . . . . . = Chenopodium pratericola
— pratericola . . . . = — leptophyllum
— pseudopulifolium . . . . = — suecicum
— Schraderianum . . . = -- foetidum
— serotinum . . . . = — ficifolium
— striatum . . . . = — strictum
— strictum . . . . . = — striata
— suecicum . . . . . . = — pseudopulifolium
Cherleria sedoides . . . . . = Minuartia sedoides
Chimaphila umbellata . = Pirola umbellata
Chlora: . . . . siehe Blackstonia
Chlorocyperus esculentus . . . . = Cyperus esculentus
— longus . . . . = Cyperus longus
Chondrilla prenanthoi-
des . . . . = — Chondrilla chondrilloides[36])
Chrysanthemum alpinum = Leucanthemum alpinum
— adustum . . . . = Chrysanthemum Leucan-
      themum var. adustum

— atratum . . . . . . = Chrysanthemum coronopifolium
      Leucanthemum atratum
      Leucanthemum coronopifolium

— Balsamita . . . . . = Tanacetum Balsamita
— Clusii . . . . = Chrysanthemum corym-
      bosum var. subcorym-
      bosum

— coronopifolium . . . . . = Chrysanthemum atratum
— corymbosum . . . . = Pyrethrum corymbosum
— corymbosum var.
 subcorymbosum . . . = Chrysanthemum Clusii
      Pyrethrum Clusii

— heterophyllum . . . . . = Chrysanthemum Leucan-
      themum subsp. hetero-
      phyllum

— inodorum . . . . = Matricaria inodora
— lanceolatum . . . . . . = Chrysanthemum Leucan-
      themum subsp. hetero-
      phyllum

— Leucanthemum . . . = Leucanthemum vulgare
— Leucanthemum var.
 adustum . . . . . . = Chrysanthemum adustum

---

[35]) Regelgemäßer, weil älterer Gattungsname, jedoch sprachlich falsche Wortbildung, überdies weniger gebräuchlich als die verbesserte Namensform *Chamaeorchis.*
[36]) Regelgemäßer, aber widersinniger Name.

Chrysanthemum Leucanthemum subsp. heterophyllum = Chrysanthemum lanceolatum
Chyrsanthemum heterophyllum
— Tanacetum = Chrysanthemum vulgare
— vulgare = Tanacetum vulgare
Chrysanthemum Tanacetum

Chrysopogon Gryllus = Andropogon Gryllus
Cicerbita alpina = Mulgedium alpinum
— muralis = Mycelis muralis
Cimicifuga europaea = Cimicifuga foetida z. T.[37]
Actaea Cimicifuga z. T.[37]

Cineraria alpestris = Senecio ovirensis
— aurantiaca = Senecio aurantiacus
— campestris = Senecio integrifolius
— capitata = Senecio capitatus
— crispa = Senecio rivularis
— ovirensis = Senecio ovirensis
— pratensis z. T. = Senecio integrifolius
— pratensis z. T. = Senecio Helenitis
— rivularis = Senecio rivularis
— spathulaefolia = Senecio Helenitis
Cirsium anglicum = Cirsium dissectum
— bulbosum = — tuberosum
— dissectum = — anglicum
— helenioides = — heterophyllum
— heterophyllum = — helenioides
— lanceolatum = — vulgare
— pauciflorum = — Waldsteinii
— rivulare = — salisburgense
— salisburgense = — rivulare
— tuberosum = — bulbosum
— vulgare = — lanceolatum
— Waldsteinii = — pauciflorum
Cleistogenes serotina = Diplachne serotina
Clematis alpina = Atragene alpina
Clinopodium vulgare = Calamintha[38]) Clinopodium

Cnidium dubium = Cnidium venosum
Cobresia: siehe Kobresia
Cochlearia Armoracia = Armoracia lapathifolia
— pyrenaica = Cochlearia officinalis z. T.[39]
— pyrenaica subsp. excelsa = — excelsa
Colchicum Bulbocodium = Bulbocodium vernum
Comarum palustre = (Potentilla palustris)

---

[37]) Die echte *Cimicifuga foetida* (= *Actaea Cimicifuga*) ist eine asiatische Pflanze.
[38]) Der Gattungsname *Calamintha* muß gegen den Gattungsnamen *Clinopodium* auf der Ausnahmsliste geschützt werden.
[39]) Die echte *Cochlearia officinalis* kommt wildwachsend in Österreich nicht vor.

Conioselium vaginatum   = Conioselinum tataricum
Consolida Ajacis . . . . = (Delphinium Ajacis)
   — orientalis . . . . . = (Delphinium orientale)
   — regalis . . . . = (Delphinium Consolida)
Convallaria latifolia . . . . . = Polygonatum latifolium
   — multiflora . . . . . . = Polygonatum multiflorum
   — Polygonatum . . . . . = Polygonatum officinale
   — verticillata . . . . . = Polygonatum verticillatum
Convolvulus sepium . . . . = Calystegia sepium
Corallorrhiza trifida . = Corallorrhiza innata
Cormus domestica . . . . . = Sorbus domestica
Cornus stolonifera . . . = Cornus alba z. T.[40])
Coronaria Flos-cuculi . . . . = Lychnis Flos-cuculi
   — tomentosa . . . . . . = Lychnis Coronaria
Coronilla coronata . . = Coronilla montana
Coronopus didymus . . . = Senebiera didyma
   — squamatus . . . . . = Coronopus procumbens
       — verrucarius
      Senebiera Coronopus
Corydalis alba . . . . . = Corydalis capnoides
       — Gebleri
   — fabacea . . . . . . =   — intermedia
Corylus maxima . . . . = Corylus tubulosa
Corynephorus canescens   Weingaertneria canescens
Cotinus Coggygria . . . = Rhus Cotinus
Cotoneaster integerrima = Cotoneaster vulgaris
Crassula aquatica . . . . . = Tillaea aquatica
Crepis capillaris . . . . = Crepis virens
   — conyzifolia . . . . =   — grandiflora
   — grandiflora . . . . . =   — conyzifolia
   — hyoseridifolia . . . . . =   — terglouensis
   — Jacquini s. str. . . . . =   — Jacquini subsp. Jacquini
   — Jacquini subsp. Kerneri . . =   — Kerneri
   — Jacquini var. rhaetica . . . =   — Kerneri
   — jubata . . . . =   — rhaetica
   — Kerneri . . . . . . =   — Jacquini subsp. Kerneri
       — Jacquini var. rhaetica
   — mollis subsp. hiera-
     cioides . . . . =   — succisaefolia
   — montana . . . . . . =   — pontana
   — pontana . . . . . . =   — montana
      Soyeria montana
   — rhaetica . . . . . . = Crepis jubata
   — succisaefolia . . . . . . =   — mollis subsp. hiera-
     cioides
   — terglouensis . . . . =   — hyoseridifolia
      Soyeria hyoseridifolia
   — virens . . . . = Crepis capillaris

---

[40]) *C. tatarica* (= *C. alba* z. T.) wird seltener kultiviert.

Crocus neapolitanus	Crocus vernus z. T.[41]
— sativus	— officinalis
Crypsis alopecuroides	Heleochloa alopecuroides
— schoenoides	Heleochlea schoenoides
Cuscuta campestris	Cuscuta arvensis[41]
— Cesatiana	(— australis subsp. Cesatiana)
	— australis var. Cesatiana
— lupuliformis	— monogyna
— Trifolii	— epithymum subsp. Trifolii
Cuviera europaea	Elymus europaeus
Cyclamen europaeum	Cyclamen purpurascens[42]
Cydonia oblonga	Cydonia vulgaris
Cymbalaria muralis	Linaria Cymbalaria
Cynanchum Vince-toxicum	Vincetoxicum officinale
— Vincetoxicum var. petrophilum	Cynanchum laxum
Cynoglossum germanicum	Cynoglossum montanum z. T.
— hungaricum[43]	— montanum z. T.
Cyperus esculentus	Chlorocyperus esculentus
— flavescens	Pycreus flavescens
— longus	Chlorocyperus longus
— Michelianus	Dichostylis Micheliana
	Scirpus Michelianus
— pannonicus	Acoreilus pannonicus
Cypripedium Calceolus	Cypripedilum Calceolus
Cytisanthus radiatus	(Genista radiata)
	Cytisus radiatus
Cytisus alpinus	Laburnum alpinum
— capitatus	Cytisus supinus
— Kitaibelii	Cytisus procumbens
— Laburnum	Laburnum anagyroides
— procumbens	Cytisus Kitaibelii
	Genista procumbens
— radiatus	Cytisanthus radiatus
— sagittalis	Genista sagittalis
— scoparius	Sarothamnus scoparius
— supinus	Cytisus capitatus
Danthonia provincialis	Danthonia calycina
(Delphinium Ajacis)	Consolida Ajacis
— alpinum	(Delphinium elatum subsp. alpinum)
	Delphinium elatum subsp. alpestre

---

[41]) Name nicht eindeutig.

[42]) Den Regeln gemäßer, aber ganz ungebräuchlicher Name. Der eingebürgerte Name C. europaeum sollte auf einer Ausnahmsliste der Arten geschützt werden.

[43]) Wächst als große Seltenheit im östlichen Niederösterreich und im Burgenland.

(Delphinium Consolida)	=	Consolida regalis
(— orientale)	=	Consolida orientalis
— tiroliense	=	(Delphinium montanum subsp. tiroliense)
Dentaria bulbifera	=	(Cardamine bulbifera)
— enneaphyllos	=	(Cardamine enucaphyllos)
— pentaphyllos	=	(Cardamine pentaphyllos) Dentaria digitata
— trifolia	=	(Cardamine Waldsteinii) Cardamine savensis
Deschampsia caespitosa	=	Aira caespitosa
— caespitosa subsp. litoralis	=	Deschampsia litoralis Aira litoralis
— flexuosa	=	— flexuosa
Descurainia Sophia	=	Sisymbrium Sophia
Dianthus blandus	=	Dianthus Hoppei subsp. blandus — plumarius subsp. blandus
— caesius	=	— gratianopolitanus
— capillifrons	=	(— Carthusianorum subsp. capillifrons) — — subsp. tenuifolius z. T.
(— Carthusianorum subsp. capillifrons)	=	— capillifrons
— — subsp. latifolius	=	— montivagus
— — subsp. Pontederae	=	— Pontederae
— — subsp. tenuifolius z. T.	=	— capillifrons
— — subsp. vaginatus	=	— vaginatus
— collinus	=	— Seguieri subsp. scaber — Seguieri subsp. collinus
— gratianopolitanus	=	— caesius
— Hoppei	=	— plumarius subsp. Hoppei
— Hoppei subsp. blandus	=	— blandus — plumarius subsp. blandus
— hyssopifolius	=	— monspessulanus
— — subsp. Sternbergii	=	— Sternbergii
— inodorus	=	— silvester
— Lumnitzeri	=	— plumarius subsp. Lumnitzeri — serotinus subsp. Lumnitzeri
— monspessulanus	=	— hyssopifolius
— Neilreichii	=	— plumarius subsp. Neilreichii
— plumarius:	=	Sammelname für mehrere Kleinarten
— plumarius subsp. blandus	=	Dianthus blandus
— — subsp. Hoppei	=	— Hoppei
— — subsp. Lumnitzeri	=	— Lumnitzeri
— — subsp. Neilreichii	=	— Neilreichii
— Pontederae	=	— Carthusianorum subsp. Ponte-derae
— prolifer	=	Kohlrauschia prolifera

Dianthus Seguieri subsp. collinus	Dianthus collinus
— — subsp. scaber	— collinus
— — subsp. silvaticus	— silvaticus
— serotinus subsp. Lumnitzeri	— Lumnitzeri
— silvester	— inodorus
— Sternbergii	— hyssopifolius subsp. Sternbergii
— vaginatus	— Carthusianorum subsp. vaginatus
Dichostylis Micheliana	Cyperus Michelianus
Dictamnus albus	Dictamnus Fraxinella
Digitalis grandiflora	Digitalis ambigua
Digitaria Ischaemum	Digitaria filiformis
	— linearis
	Panicum Ischaemum
	Panicum filiforme
	Panicum lineare
— sanguinalis	Panicum sanguinale
— sanguinalis subsp. pectiniformis	Digitaria sanguinalis subsp. ciliaris
	— ciliaris
	Panicum ciliare
Digraphis arundinacea	Typhoides arundinacea
Diplachne serotina	Cleistogenes serotina
Dipsacus sativus	Dipsacus fullonum z. T.
— silvester	— fullonum z. T.
Doronicum calcareum	Doronicum glaciale subsp. calcareum
— Clusii	Aronicum Clusii
— Clusii var. glabratum	Doronicum Clusii s. str.
— Clusii var. villosum	— stiriacum
— Columnae	— cordatum
	— cordifolium
— cordatum	— Columnae
— cordifolium	— Columnae
— glaciale	Aronicum glaciale
— glaciale subsp. calcareum	Doronicum calcareum
— grandiflorum	— Halleri
	Aronicum scorpioides
— Halleri	Doronicum grandiflorum
— Matthioli	— Pardalianches
— Pardalianches	— Matthioli
	— romanum
— romanum	— Pardalianches
— stiriacum	— Clusii var. villosum
Dorycnium germanicum	Dorycnium suffruticosum
	— sericeum
Draba affinis	Draba aïzoides subsp. affinis
— aïzoides subsp. affinis	— affinis
— Aïzoon	— lasiocarpa
— austriaca	— stellata

Draba carinthiaca . . . == Draba Johannis
                                  — siliquosa z. T [44])
— dubia . . . . == — frigida
                                  — pumila
— glabrescens . . . . . . == Erophila praecox
— Hoppeana . . . . . == Draba Zahlbruckneri
— incana z. T.[45]) . . . . . == Draba Thomasii
— Johannis . . . . == — carinthiaca
— Krockeri z. T. . . . . . == Erophila verna var.
                                     Krockeri
— Krockeri z. T. . . . . . == Erophila verna var.
                                     majuscula
— lasiocarpa . . . . == Draba Aïzoon
— majuscula . . . . == Erophila verna var.
                                     majuscula
— obconica . . . . == Erophila verna var.
                                     obconica
— praecox . . . . == Erophila praecox
— pumila . . . . == Draba dubia
— siliquosa z. T.[44]) . . . . == Draba carinthiaca
— spathulata . . . . == Erophila spathulata
— stellata . . . . . . == Draba austriaca
— stenocarpa . . . . . . == Erophila verna var.
                                     Krockeri
— stylaris . . . . == Draba Thomasii
— subnitens . . . . == Erophila praecox var.
                                     subnitens
— Thomasii . . . . . == Draba stylaris
                                    — incana subsp. Thomasii
                                    — incana z. T.[46])
— verna . . . . == Erophila verna u. and. Arten
— Zahlbruckneri . . . . . == Draba Hoppeana
Drosera anglica . . . . . == Drosera longifolia z. T.
— intermedia[47]) . . . . == — longifolia z. T.
Duchesnea indica . . . . == (Potentilla indica)
                                  Fragaria indica

Echinochloa Crus-galli . == Panicum Crus-galli
Echinops ruthenicus . . == Echinops Ritro subsp. ruthenicus
Echinopsilon hirsutus . . . . . == Bassia hirsuta
— hyssopifolius . . . . . . == Bassia hyssopifolia
Echinospermum deflexum . . . == Lappula deflexa
— Lappula . . . . . . == Lappula Myosotis
Echium italicum . . . . . == Echium altissimum
Elatine gyrosperma . . . == Elatine Hydropiper z. T.
                                  — Hydropiper subsp. gyrosperma
                                  — Oederi

---

[44]) Die echte *D. siliquosa* wächst nicht in Österreich.
[45]) Die echte *D. incana* wächst nicht in Österreich.
[46]) Die echte *D. incana* wächst nicht in Österreich.
[47]) Ist viel seltener als *D. anglica*.

Eleocharis: . . . . == siehe **H e l e o c h a r i s**
Elichrysum: . . . . == siehe **H e l i c h r y s u m**
E l i s m a[48]**) n a t a n s** . . . . . == Luronium[48]) natans
Alisma natans

Elodea canadensis . . . . . . == **A n a c h a r i s c a n a d e n s i s**
 — densa . . . . == **A n a c h a r i s d e n s a**
E l s h o l t z i a c i l i a t a . . . . == Elsholtzia Patrini
 — cristata

E l y m u s e u r o p a e u s[49]**)** . . == Hordelymus europaeus
Cuviera europaea
Hordeum europaeum

E l y n a m y o s u r o i d e s . . . == Elyna Bellardii
 — spicata
Cobresia Bellardii
Kobresia myosuroides

E p i l o b i u m a d n a t u m . . . == **E p i l o b i u m tetragonum**
 — **a l p e s t r e** . . . . . . == — trigonum
 — alpinum . . . . . . == — **a n a g a l l i d i f o l i u m**
 — **a l s i n e f o l i u m** . . . . == — origanifolium
 — **a n a g a l l i d i f o l i u m** . == — alpinum
 — angustifolium . . . . . == **C h a m a e n e r i o n a n g u s t i-
f o l i u m**

 — Dodonaei . . . . == **C h a m a e n e r i o n p a l u s t r e**
 — Fleischeri . . . . == **C h a m a e n e r i o n F l e i s c h e r i**
 — origanifolium . . . . . == **E p i l o b i u m a l s i n e f o l i u m**
 — rosmarinifolium . . . . == **C h a m a e n e r i o n p a l u s t r e**
 — tetragonum . . . . . . == **E p i l o b i u m a d n a t u m**
 — trigonum . . . . == — **a l p e s t r e**
E p i p a c t i s a t r o r u b e n s . . == Epipactis atropurpurea
 — rubiginosa
Helleborine atropurpurea

 — **H e l l e b o r i n e** . . . . == Epipactis latifolia
 — viridans
Helleborine latifolia
 — **m i c r o p h y l l a** . . . . == Helleborine microphylla
 — **p a l u s t r i s** . . . . . . == Helleborine palustris
 — **s e s s i l i f o l i a** . . . . . == Epipactis purpurata
 — violacea
 — varians
Helleborine purpurata
E p i p o g i u m a p h y l l u m . . == Epipogium Gmelini
Epipogon aphyllus

E r a g r o s t i s m e g a s t a c h y a . == Eragrostis major

---

[48]) Der gebräuchliche Gattungsname *Elisma* muß, um beibehalten werden zu können, gegen den älteren Gattungsnamen *Luronium* auf der Ausnahmsliste geschützt werden, was beantragt wird, aber noch nicht durchgeführt ist.

[49]) Die Versetzung dieser Art in eine eigene Gattung *Hordelymus* wäre sachlich gut begründet. Es sollte aber *Hordelymus* gegen den älteren Namen *Cuviera* auf der Ausnahmsliste geschützt werden. Die Verwendung des Namens *Cuviera* wäre deshalb nicht empfehlenswert, weil er für eine Rubiaceengattung in Gebrauch steht.

Eragrostis megastachya . == Eragrostis cilianensis
                                             − multiflora
− poaeoides . . . . . == − minor
Erica vulgaris . . . . == Calluna vulgaris
Erigeron acer . . . . . . = Trimorpha acris
− acer subsp. angulosus . == Erigeron angulosus
                                             − droebachiensis
                                             Trimorpha angulosa
− alpinus . . . . . . == Trimorpha alpina
− angulosus . . . . . . == Erigeron acer subsp.
                                               angulosus
− annuus . . . . == Stenactis annua
                                             Stenactis bellidiflora
− annuus subsp. ramosus . . == Erigeron strigosus
− atticus . . . . == Erigeron Villarsii
                                             Trimorpha attica
− droebachiensis . . . . . == Erigeron acer subsp.
                                               angulosus
− Gaudini . . . . . . == − Schleicheri
                                               − glandulosus
                                               − Villarsii var. albus
                                               Trimorpha alba
− glabratus . . . . == Erigeron polymorphus
− glandulosus . . . . . . == − Gaudini
− neglectus . . . . . == Trimorpha neglecta
− polymorphus . . . . == Erigeron glabratus
− ramosus . . . . == − strigosus
− Schleicheri . . . . . . == − Gaudini
− strigosus . . . . . . == − ramosus
                                               − annuus subsp. ramosus
                                               Stenactis ramosa
                                               Stenactis annua subsp. strigosa
− Villarsii . . . . == Erigeron atticus
− Villarsii var. albus . . . . == − Gaudini
Eriophorum alpinum . . . == Trichophorum alpinum
− angustifolium . . . == Eriophorum polystachyon z. T
− latifolium . . . . . == − polystachyon z. T.
Eritrichium nanum . . . = Eritrichium terglouense
Erophila Boerhaavii . . . . == Erophila spathulata
− praecox . . . . . . == Draba praecox
                                               Draba glabrescens
− praecox var. subnitens == Draba subnitens
− spathulata . . . . . == Draba spathulata
                                               Erophila Boerhaavii
− verna . . . . == Sammelname für zahlreiche Klein-
                                               arten und Varietäten
                                               Draba verna
− verna var. Krockeri . == Draba Krockeri z. T.
                                               Draba stenocarpa
− verna var. majuscula == Draba majuscula

Erophila verna var.
  majuscula . . . . . = Draba Krockeri z. T.
— verna var. obconica . = Draba obconica
— vulgaris . . . . . . = Erophila verna
Erucastrum gallicum . . = Erucastrum Pollichii
                           Hirschfeldia gallica
                           Hirschfeldia Pollichii

— nasturtiifolium . . = Erucastrum obtusangulum
                           Hirschfeldia nasturtiifolia
                           Hirschfeldia Erucastrum

Ervum: . . . . siehe Vicia
Ervum Lens . . . . = Lens culinaris
Erysimum canescens . . . = Erysimum diffusum
— Cheiranthus . . . . . = Erysimum silvestre
— Cheiri . . . . = Cheiranthus Cheiri
— diffusum . . . . . . = Erysimum canescens
— durum . . . . = Erysimum hieracifolium
                           subsp. virgatum
— erysimoides . . . . . = Erysimum pannonicum
— helveticum subsp. rhaeticum = — rhaeticum
— hieracifolium . . . = — strictum
— hieracifolium subsp. durum . = — hieracifolium subsp.
                                    virgatum

— hieracifolium subsp.
  juranum . . . . . . = — hieracifolium subsp. strictum
— hieracifolium subsp. strictum = — hieracifolium subsp.
                                    juranum

— hieracifolium subsp.
  virgatum . . . . . = — hieracifolium subsp. durum
                        — durum
— odoratum . . . . . = — pannonicum
— pannonicum . . . . = — erysimoides
                        — odoratum
— rhaeticum . . . . . = — helveticum subsp. rhaeticum
Erythraea: . . . . siehe Centaurium
Erythrobalanus rubra . . . . = Quercus borealis
Euphorbia pannonica . . = Euphorbia glareosa
— Seguieriana . . . . = — Gerardiana
— supina . . . . . . = — maculata
Euphrasia coerulea . . . = Euphrasia Uechtritziana
— cuspidata subsp.
  stiriaca . . . . . = — stiriaca
— ericetorum . . . . . = — stricta
— gracilis . . . . . . = — micrantha
— lutea . . . . = Orthantha lutea
— micrantha . . . . . = Euphrasia gracilis
— nemorosa . . . . . = — nitidula
— nitidula . . . . . = — nemorosa
— Odontites . . . . . = Odontites rubra
— officinalis z. T. . . . . = Euphrasia Rostkoviana

Euphrasia officinalis z. T. . . . = Euphrasia stricta
— Rostkoviana . . . . = — officinalis z. T.
— serotina . . . . = Odontites rubra subsp.
    serotina
— stiriaca . . . . = Euphrasia cuspidata subsp.
    stiriaca
— stricta . . . . = — ericetorum
    — officinalis z. T.
— Uechtritziana . . . = — coerulea
— verna . . . . = Odontites rubra subsp.
    verna

Evonymus europaea . . . = Evonymus vulgaris

Fagopyrum baldschuanicum . = Tiniaria baldschuanica
    (Polygonum
    baldschuanicum)
— Convolvulus . . . . . . = Tiniaria Convolvulus
    (Polygonum Convolvulus)
— dumetorum . . . . = Tiniaria dumetorum
    (Polygonum dumetorum)
— esculentum . . . . . . = Fagopyrum vulgare
— sagittatum . . . . = Fagopyrum vulgare
— tataricum . . . . . . = (Polygonum tataricum)
— vulgare . . . . . . = (Polygonum Fagopyrum)
    Fagopyrum esculentum
    Fagopyrum sagittatum

Falcaria vulgaris . . . . = Falcaria Rivini
    — sioides

Festuca altissima . . . . = Festuca silvatica
— arundinacea . . . . = — elatior z. T.
— arundinacea var.
  aspera . . . . = — Uechtritziana
— aurea . . . . = — paniculata
— brachystachys . . . . . = — versicolor
— bromoides . . . . = Vulpia bromoides
— calva . . . . = Festuca cyllenica
— carnica . . . . = — violacea
— cyllenica . . . . . . = — calva
— drymeia . . . . = — montana
— dura . . . . = — pseudodura
— duriuscula . . . . . . = — longifolia
— elatior z. T. . . . . . . = — pratensis
— elatior z. T. . . . . . . = — arundinacea
— fallax . . . . = — nigrescens
  glauca var. pallens . . = — pallens
— Halleri s. l.: . . . . . = Sammelname für die Kleinarten
    Halleri, pseudodura und stenantha
  hirsuta . . . . = Festuca sulcata
— longifolia . . . . . = — duriuscula

Festuca megastachys . . ==	Festuca multiflora
	— planifolia
	— rubra subsp. multiflora
	— rubra subsp. planifolia
— montana . . . . . . ==	— drymeia
— multiflora . . . . . . ==	— megastachys
— myuros . . . . . . ==	Vulpia myuros
— nigrescens . . . . . ==	Festuca fallax
	— rubra subsp. commutata
	— rubra subsp. fallax
— ovina s. l. . . . . . . ==	Sammelname für die Kleinarten capillata, glauca, longifolia, pallens, pseudovina, stricta, sulcata, supina, trachyphylla, vaginata, valesiaca, vulgaris u. a.
— ovina s. str. . . . . . . ==	Festuca vulgaris
— pallens . . . . ==	— glauca var. pallens
— paniculata . . . . . ==	— aurea
	— spadicea
— planifolia . . . . . . ==	— megastachys
— pratensis . . . . . . ==	— elatior z. T.
— pseudodura . . . . . ==	— dura
— pseudodura var. tauricola . . . . . . ==	— tauricola
— pumila subsp. rigidior . . . ==	— rigidior
— rigidior . . . . . ==	— pumila subsp. rigidior
— rubra subsp. commutata . . ==	— nigrescens
— rubra subsp. fallax . . . . ==	— nigrescens
— rubra subsp. multiflora . . ==	— megastachys
— rubra subsp. planifolia . . ==	— megastachys
— silvatica . . . . ==	— altissima
— spadicea . . . . ==	— paniculata
— sulcata . . . . ==	— hirsuta
— tauricola . . . . ==	— pseudodura var. tauricola
— trichophylla . . . . ==	— uliginosa
— Uechtritziana . . . . . . ==	— arundinacea var. aspera
— uliginosa . . . . ==	— trichophylla
— varia s. l. . . . . ==	Sammelname für die Kleinarten alpestris, brachystachys, cyllenica, varia und versicolor
— versicolor . . . . . ==	Festuca brachystachys
— violacea s. l. . . . . . . ==	Sammelname für die Kleinarten nigricans, norica, picta und violacea
— violacea s. str. . . . . . ==	Festuca carnica
— vulgaris . . . . . . ==	— ovina s. str.
Ficaria verna . . . . . . ==	(Ranunculus Ficaria) Ficaria ranunculoides
Ficaria verna subsp. nudicaulis . . . . . ==	(Ficaria calthaefolia)

Ficaria verna subsp.
   nudicaulis . . . . . . == (Ranunculus Ficaria subsp.
              nudicaulis)
              (Ranunculus calthaefolius)
              Ficaria nudicaulis

Filago arvensis . . . . . == Filago montana z. T.
  — minima . . . . == — montana z. T.
Filipendula vulgaris . . == Filipendula hexapetala
              Spiraea Filipendula

  — Ulmaria . . . . . . == Spiraea Ulmaria
              Ulmaria pentapetala

Foeniculum vulgare . . . == Foeniculum officinale
  — vulgare subsp. dulce . == — vulgare var. azoricum
  — vulgare subsp. sativum == — vulgare var. dulce
  — vulgare subsp.
    silvestre . . . . . . == — vulgare var. vulgare
Fragaria Ananassa . . . == Fragaria grandiflora
  — indica . . . . == Duchesnea indica
  — moschata . . . . . . == Fragaria elatior
  — viridis . . . . . . == — collina
(Frangula Alnus) . . . . == Rhamnus Frangula
Fumana procumbens . . . == Fumana vulgaris
              Helianthemum Fumana

Fumaria officinalis subsp.
   Wirtgeni . . . . . . == Fumaria tenuiflora
              — Wirtgeni

Gagea fistulosa . . . . . == Gagea Liotardi
  — lutea . . . . == — silvatica
  — pratensis . . . . . . == — stenopetala
  — villosa . . . . . . == — arvensis
Galatella cana . . . . . == Aster canus
Galeobdolon luteum . . . . == Lamium Galeobdolon
Galeopsis segetum . . . . == Galeopsis dubia
              — ochroleuca
  — speciosa . . . . . . == — versicolor
Galinsoga ciliata . . . . == Galinsoga quadriradiata subsp.
              hispida
              — caracasana subsp. hispida

Galium asperum . . . . . == Galium pumilum
  — baldense z. T.[50] . . . . == — noricum
  — glabrum . . . . . . == — vernum
  — glaucum . . . . . . == Asperula glauca
  — helveticum . . . . . == Galium saxatile
  — lucidum var. meliodorum . == — meliodorum
  — meliodorum . . . . == — lucidum var. meliodorum
  — meliodorum var.
    truniacum . . . . . == — truniacum
  — noricum . . . . . . == — baldense z. T.[50]

---

[50] Das echte G. *baldense* wächst nicht in Österreich.

Galium odoratum	==	Asperula odorata
— praecox	==	Galium verum subsp. Wirtgenii
— pumilum	==	— asperum
		— silvestre
— rotundifolium	==	— scabrum z. T.[51])
— saxatile	==	— helveticum
— scabrum z. T.[51])	==	— rotundifolium
— silvestre	==	— pumilum
— triandrum	==	Asperula tinctoria
— truniacum	==	Galium meliodorum var. truniacum
— vernum	==	— glabrum
— verum subsp. praecox	==	— verum subsp. Wirtgenii
— verum subsp. Wirtgenii	==	— verum subsp. praecox
		— Wirtgenii
		— praecox
— Wirtgenii	==	— verum subsp. Wirtgenii
Gaya simplex	==	Ligusticum mutellinoides
Genista ovata	==	Genista tinctoria subsp. ovata
		— lasiocarpa z. T.
— procumbens	==	Cytisus procumbens
(— radiata)	==	Cytisanthus radiatus
— sagittalis	==	(Genistella sagittalis) Cytisus sagittalis
— tinctoria subsp. elata	==	Genista elata
		— elatior
(Genistella sagittalis)	==	Genista sagittalis
Gentiana acaulis z. T.	==	Gentiana Clusii
— acaulis z. T.	==	— Kochiana
— anisodonta subsp. anisodonta	==	— anisodonta s. str.
— — subsp. antecedens	==	— antecedens
— — subsp. calycina	==	— calycina
— antecedens	==	— anisodonta subsp. antecedens
— aspera subsp. aspera	==	— aspera s. str.
— — subsp. norica	==	— norica
— — subsp. Sturmiana	==	— Sturmiana
— austriaca subsp. austriaca	==	— austriaca s. str.
— — subsp. lutescens	==	— lutescens
— — subsp. Neilreichii	==	— Neilrichii
— calycina	==	— anisodonta subsp. calycina
— carpathica	==	— praecox subsp. carpathica

---

[51]) Das echte *G. scabrum* ist eine mediterrane Art, die in Österreich nicht vorkommt.

Gentiana Clusii	= **Gentiana vulgaris**
	— acaulis z. T.
— excisa z. T.[52]	= — Kochiana
— Favrati	= — orbicularis
— germanica subsp. eugermanica[53]	= — germanica subsp. germanica[53]
	— Wettsteinii
— — subsp. Kerneri	= — rhaetica subsp. Kerneri
— — subsp. rhaetica	= — rhaetica subsp. rhaetica
— — subsp. solstitialis	= — solstitialis
	— obtusifolia z. T.[54]
— Kerneri	= — rhaetica subsp. Kerneri
— Kochiana	= — latifolia
	— excisa z. T.[52]
	— acaulis z. T.
— latifolia	= — Kochiana
— lutescens	= — austriaca subsp. lutescens
— Neilreichii	= — — subsp. Neilreichii
— norica	= — aspera subsp. norica
— obtusifolia z. T.[54]	= — germanica subsp. solstitialis
— orbicularis	= — Favrati
— praecox subsp. carpathica	= — carpathica
— — subsp. praecox	= — praecox s. str.
— rhaetica subsp. Kerneri	= — Kerneri
	— germanica subsp. Kerneri
— — subsp. rhaetica	= — rhaetica s. str.
— — var. stiriaca	= — stiriaca
— solstitialis	= — germanica subsp. solstitialis
— stiriaca	= — rhaetica var. stiriaca
— Sturmiana	= — aspera subsp. Sturmiana
— vulgaris	= — Clusii
— Wettsteinii	= — germanica subsp. eugermanica
Geranium phaeum subsp. lividum	= Geranium lividum
Geum montanum	= (Sieversia montana)
— reptans	= (Sieversia reptans)
Glaucium flavum	= Glaucium luteum
Globularia elongata	= Globularia Willkommii
	— vulgaris z. T.
	— Aphyllanthes z. T.
— meridionalis	= — bellidifolia

---

[52] Die echte *G. excisa* ist eine Kulturpflanze, die zwischen *G. Kochiana* und *G. Clusii* steht.

[53] Nach einer etwas anfechtbaren neuen Bestimmung wäre subsp. *germanica* die giltige Bezeichnung. Vgl. die Fußnote zu *Achillea distans.*

[54] Dieser Name wurde auch für andere Arten verwendet, ist also nicht eindeutig.

Glyceria maxima . . . . == Glyceria spectabilis
                           — aquatica
Glycine Soja . . . . . . == Glycine hispida
                           Soja hispida
                           Soja Max

Gnaphalium carpaticum . . == Antennaria carpatica
  — dioicum . . . . == Antennaria dioica
  — fuscatum . . . . == Gnaphalium norvegicum
  — Leontopodium . . . . . == Leontopodium alpinum
  — norvegicum . . . . == Gnaphalium fuscatum
                           — silvaticum subsp. fuscatum
                           — silvaticum subsp. norvegicum
  — silvaticum subsp. fuscatum . == — norvegicum
  — silvaticum subsp. norvegicum == — norvegicum
Gymnadenia albida . . . . . . == Leucorchis albida
  — nigra . . . . == Nigritella nigra
  — rubra . . . . == Nigritella rubra
Gypsophila fastigiata . == Gypsophila arenaria

Hackelia deflexa . . . . . . == Lappula deflexa
Hahnia Chamaemespilus . . . . == Sorbus Chamaemespilus
  — Mougeoti . . . . == Sorbus Mougeoti
  — torminalis . . . . . . == Sorbus torminalis
Hammarbya paludosa . . == Malaxis paludosa
Haynaldia villosa . . . == Triticum villosum
Hedysarum obscurum . . == Hedysarum Hedysaroides[55])
Heleocharis acicularis . == Scirpus acicularis
  — austriaca . . . . == Heleocharis palustris
                           subsp. austriaca
  — glaucescens . . . . . . == — — subsp. glaucescens
  — ovata . . . . == — soloniensis
                           Scirpus ovatus
  — palustris . . . . . . == Scirpus palustris
  — palustris subsp.
    austriaca . . . . . . == Heleocharis austriaca
  — — subsp. glaucescens == — glaucescens
                           Scirpus glaucescens
  — parvula . . . . == Heleocharis pygmaea
                           Scirpus parvulus
  — pauciflora . . . . . . == Heleocharis quinqueflora
  — pygmaea . . . . . . == — parvula
  — quinqueflora . . . == — pauciflora
                           Scirpus quinqueflorus
                           Scirpus pauciflorus
  — soloniensis . . . . . . == Heleocharis ovata
  — uniglumis . . . . . == Scirpus uniglumis
Heleochloa alopecu-
roides . . . . == Heleochloa explicata
                           Crypsis alopecuroides

---

55) Regelgemäßer, aber widersinniger Name.

Heleochloa schoenoides   = Crypsis schoenoides
Heleophylax[56]) . . . . = siehe Schoenoplectus
Helianthemum canum . := Helianthemum vineale
— Fumana . . . . = Fumana procumbens
— nitidum . . . . . . := Helianthemum glabrum
— nummularium . . . = — vulgare z. T.
     — vulgare var. discolor
— ovatum . . . . . . = — obscurum
     — hirsutum
     — vulgare var. concolor

Helichrysum arenarium = Elichrysum arenarium
Helictotrichon alpinum = Avenastrum[57]) alpinum
     Avena alpina

Helictotrichon conjugens = Avenastrum conjugens
— desertorum . . . = Avenastrum desertorum
     Avena desertorum
— Parlatoreï . . . . . = Avenastrum Parlatoreï
     Avena Parlatoreï
— planiculme . . . = Avenastrum planiculme
     Avena planiculmis
— pratense . . . . . . := Avenastrum pratense
     Avena pratensis
— pubescens . . . . . = Avenastrum pubescens
     Avena pubescens
— versicolor . . . . . := Avenastrum versicolor
     Avena versicolor

Heliosperma alpestre . = (Silene alpestris)
— quadridentatum . . = (Silene quadridentata)
     Heliosperma quadrifidum
     Silene quadrifida
— Veselskyi . . . . . . = (Silene Veselskyi)
     Heliosperma glutinosum
     — eriophorum

Helleborine atropurpurea . . . = Epipactis atrorubens
— latifolia . . . . = Epipactis Helleborine
— microphylla . . . . . . = Epipactis microphylla
— palustris . . . . = Epipactis palustris
— purpurata . . . . = Epipactis sessilifolia
Helminthia echioides . . . . . = Picris echioides
Helodea canadensis . . . . . . = Anacharis canadensis
— densa . . . . = Anacharis densa
(Helosciadium repens) . = Apium repens
Hepatica nobilis . . . . = Hepatica triloba
     Anemone Hepatica

---

[56]) Der Name *Schoenoplectus* ist gegenüber dem älteren, aber ganz ungebräuchlichen Namen *Heleophylax* auf der Ausnahmsliste der Gattungen geschützt. *Heleophylax americanus, carinatus, lacustris, mucronatus, Tabernaemontani* und *triquetrus* sind *Schoenoplectus*-Arten mit den gleichen Art-Nachnamen (Art-Epitheta). *Heleophylax supinus* ist *Isolepis supina* (= *Schoenoplectus supinus*).

[57]) Der gebräuchlichere Name *Avenastrum* müßte, um beibehalten zu werden, gegenüber *Helictotrichon* auf der Ausnahmsliste der Gattungen geschützt werden.

Heracleum elegans subsp.
elegans . . . . = Heracleum montanum
— — var. longifolium . = — longifolium
— — subsp. Pollinianum = — Pollinianum
           — pyrenaicum subsp. Pollinia-
                num[58])

— Sphondylium subsp.
australe . . . . = — Sphondylium s. str.
— — subsp. chloranthum = — Sphondylium var. chaeto-
           carpum
           — sibiricum var. chloranthum[59])

Herminium Monorchis . = Monorchis Herminium[60])
Herniaria microcarpos . = (Herniaria glabra subsp.
            ceretana)

Hesperis silvestris . . . . = Hesperis runcinata
Hieracium[61]) absconditum . = Hieracium armerioides
— adriaticum . . . . = — Visianii
— adusticeps . . . . . . = — melanops
— albidum . . . . . . = — intybaceum
— albinum . . . . = — juranum
— alpinum z. T.[62]) . . . = — Halleri
— amplexicaule z. T.[62]) . = — pulmonarioides
— armerioides . . . . = — absconditum
— barbatum . . . . = — racemosum
— Bauhini . . . . . . = — magyaricum
—. Beckianum . . . . . = — digeneum
— boreale . . . . = — sabaudum z. T.
— brevifolium . . . . . . = — latifolium
— caesium . . . . . . = — plumbeum
— caespitosum . . . . = — pratense
           — collinum
— chlorocephalum . . = — stygium
— chondrillaefolium . = — subspeciosum
— collinum . . . . = — caespitosum
— decipiens . . . . . . = — nigrescens z. T.
— digeneum . . . . . . = — Beckianum
— erectum . . . . = — rubriflorum
— fallacinum . . . . . = — germanicum
— florentinum . . . . . . = — piloselloides
— floribundum . . . . = — suecicum
— fulgens . . . . = — nothum
— furcatum . . . . = — sphaerocephalum

---

[58]) Das echte *H. pyrenaicum* ist eine Pflanze der Pyrenäen.
[59]) Das echte *H. sibiricum* kommt in Österreich wildwachsend kaum vor.
[60]) Der allgemein eingebürgerte Gattungsname *Herminium* müßte gegen den älteren Gattungsnamen *Monorchis* auf der Ausnahmsliste der Gattungen geschützt werden.
[61]) Auf die Teilarten (greges) dieser Gattung wurde hier nicht eingegangen. Einiges über die
richtige Benennung mehrerer Teilarten findet man in Janchen E., Beiträge zur Benennung, Verbreitung und Anordnung der Farn- und Blütenpflanzen Österreichs, III.,
Phyton *3*, 1951, und Desgl. IV., Phyton *5*, 1953.
[62]) In Österreich wächst auch die typische (echte) Art dieses Namens.

Hieracium germanicum . . . == Hieracium fallacinum
— glanduliferum . . . . . == — piliferum z. T.
— gombense . . . . . == — Purkynei
— gothicum . . . . . . == — laevigatum z. T.
— Grisebachii . . . . . . == — sparsum z. T.
— Guthnickianum . . == — multiflorum
— Halleri . . . . == — alpinum z. T.
— humile . . . . . . == — Jacquini
— humile z. T.[63]). . . . == — lacerum
— incisum . . . . . . == — Murrianum
— intybaceum . . . . == — albidum
— inuloides . . . . . . == — striatum
— isatidifolium . . . == — orthophyllum
— Jacquini . . . . . . == — humile
— juranum . . . . . == — albinum
— lacerum . . . . . . == — humile z. T.
— Lachenalii . . . . . == — vulgatum
— laevigatum . . . . == — tridentatum
— laevigatum z. T.[63]) . . == — gothicum
— lanceolatum . . . . . == — prenanthoides z. T.
— latifolium . . . . . == — brevifolium
— magyaricum . . . . . == — Bauhini
— melanops . . . . . . == — adusticeps
— Morisianum . . . . == — villosiceps
— multiflorum . . . . . == — Guthnickianum
— murorum . . . . . . == — silvaticum
— Murrianum . . . . . == — incisum
— nigrescens z. T.[64]) . . == — decipiens
— nigritum . . . . . . == — pseudeximium
— nothum . . . . . . == — fulgens
— ochroleucum . . . . . == — picroides
— orthophyllum . . . . == — isatidifolium
— pallescens . . . . . == — Trachselianum
— pallidum . . . . . == — Schmidtii
— piliferum z. T.[64]) . . == — glanduliferum
— pilosellinum . . . . == — subgermaniciforme
— piloselloides . . . . == — florentinum
— praealtum
— pleiophyllum . . . . . == — transsilvanicum
— plumbeum . . . . . == — caesium
— praealtum . . . . . == — piloselloides
— praecox . . . . . . == — rotundifolium
— pratense . . . . . . == — caespitosum
— prenanthoides
z. T.[65]) . . . . == — lanceolatum
— strictum
— pseudeximium . . . . . == — nigritum

---

[63]) In Österreich wächst auch die typische (echte) Art dieses Namens.
[64]) In Österreich wächst auch die typische (echte) Art dieses Namens.
[65]) In Österreich wächst auch die typische (echte) Art dieses Namens.

Hieracium pulmonarioides === Hieracium amplexicaule z. T.

— Purkynei . . . . === — gombense
— racemosum . . . . . === — barbatum
— rauzense . . . . . . === — rohacsense
— rohacsense . . . . === — rauzense
— Rothianum . . . . === — setigerum
— rotundatum . . . . . === — transsilvanicum
— rotundifolium . . . . . === — praecox
— rubriflorum . . . . === — erectum
— sabaudum . . . . . === — silvestre
                 — boreale
— Schmidtii . . . . . . === — pallidum
— setigerum . . . . . . === — Rothianum
— silvaticum . . . . . === — murorum
— silvestre . . . . . . === — sabaudum z. T.
— sparsiflorum . . . . . === — sparsum
— sparsum . . . . . . === — sparsiflorum
— sparsum z. T.[66]) — Grisebachii
— sphaerocephalum . === — furcatum
— striatum . . . . . . === — inuloides
— strictum . . . . . . === , — prenanthoides z. T.
— stygium . . . . . . === — chlorocephalum
— subgermaniciforme . . === — pilosellinum
— subspeciosum . . . . . === — chondrillaefolium
— suecicum . . . . . . === — floribundum
— Tauschii . . . . . . === — umbelliferum
— Trachselianum . . . . . === — pallescens
— transsilvanicum . . === — rotundatum
                 — pleiophyllum
— tridentatum . . . . . === — laevigatum
— umbelliferum . . . . === — Tauschii
— Vetteri . . . . === — Vetterianum
— villosiceps . . . . . . === — Morisianum
— Visianii . . . . . . === — adriaticum
— vulgatum . . . . . . === — Lachenalii
Hierochloë odorata . . === Hierochloë borealis
Himantoglossum hirci-
num . . . . === Loroglossum hircinum
Hirschfeldia Erucastrum . . . . === Erucastrum nasturtii-
          folium
— gallica . . . . === Erucastrum gallicum
— nasturtiifolia . . . . . === Erucastrum nasturtii-
          folium
— Pollichii . . . . . . === Erucastrum gallicum
Holoschoenus vulgaris . === Scirpus Holoschoenus
Hordelymus europaeus . . . . === Elymus europaeus
Hordeum distichon . . . === Hordeum sativum z. T.

Hordeum distichon subsp.
Zeocrithon . . . . = Hordeum Zeocrithon
— europaeum . . . . . . = Elymus europaeus
— Gussoneanum . . . . . = Hordeum Hystrix
— hexastichon . . . . =   — polystichon · subsp. hexastichon
                          — sativum z. T.
— Hystrix . . . . . . =   — Gussoneanum
                          — maritimum subsp. Gussonea-
                            num
                          — maritimum subsp. Hystrix
— maritimum subsp. Gussonea-
  num . . . . =   — Hystrix
— maritimum subsp. Hystrix . = — Hystrix
— polystichon subsp. hexastichon = — hexastichon
— polystichon subsp. vulgare . = — vulgare
— sativum . . . . = Sammelname für alle Kulturgersten
— tetrastichon . . . . . = Hordeum vulgare
— vulgare . . . . =   — tetrastichon
                            — polystichon subsp. vulgare
                            — sativum z. T.
— Zeocrithon . . . . . . =   — distichon subsp.
                              Zeocrithon

Hornungia petraea . . . = Hutchinsia petraea
Hutchinsia pauciflora . . . . = Hymenolobus pauciflorus
— petraea . . . . = Hornungia petraea
— procumbens subsp. pauciflora = Hymenolobus pauciflorus
Hydrangea macrophylla = Hydrangea opuloides
                          — Hortensia
                          — hortensis

Hymenolobus pauci-
  florus . . . . = Hutchinsia pauciflora
                          Hutchinsia procumbens subsp.
                            pauciflora
                          Capsella pauciflora

Hypericum Androsae-
  mum . . . . = Androsaemum officinale
— maculatum . . . . . = Hypericum quadrangulum
— tetrapterum . . . . =   — acutum
Hypochoeris maculata . = Achyrophorus maculatus
— uniflora . . . . . . = Achyrophorus uniflorus

Impatiens glandulifera = Impatiens glanduligera
                          — Roylei

Imperatoria Ostruthium . . . . = Peucedanum Ostruthium
Inula Conyza . . . . . . = Inula vulgaris
Ipomoea purpurea . . . . . = Pharbitis purpurea
Iris flavissima . . . . . = Iris arenaria
— spuria . . . . =   — subbarbata
Isnardia palustris . . . . . . = Ludwigia palustris
Isolepis fluitans . . . . = Scirpus fluitans

Isolepis fluitans . . . . = Schoenoplectus fluitans
— mucronata . . . . . . = Schoenoplectus mucronatus
— setacea . . . . = Scirpus setaceus
Schoenoplectus setaceus
— supina . . . . . . = Scirpus supinus
Schoenoplectus supinus
Heleophylax supinus

Juncus acutiflorus . . . = Juncus silvaticus
— alpino-articulatus[67]) . . . = — alpinus
— alpinus . . . . . . = — alpino-articulatus[67])
— articulatus . . . . . = — lampocarpus
— isthmiacus
— bulbosus . . . . . = — supinus
— conglomeratus . . = — Leersii
— glaucus . . . . . . = — inflexus
— Hostii . . . . = — monanthos
— inflexus . . . . . = — glaucus
— isthmiacus . . . . . . = — articulatus
— lampocarpus . . . . . = — articulatus
— Leersii . . . . = ·— conglomeratus
— macer . . . . = — tenuis
— monanthos . . . . . = — Hostii
— trifidus subsp. Hostii
— obtusiflorus . . . . . = — subnodulosus
— silvaticus . . . . . . = — acutiflorus
— subnodulosus . . . = — obtusiflorus
— supinus . . . . = — bulbosus
— tenuis . . . . . . = — macer
— trifidus subsp. Hostii . . . = — monanthos

Kickxia Elatine. . . . . = Linaria Elatine
— spuria . . . . = Linaria spuria
Knautia arvensis . . . . = Scabiosa arvensis
— arvensis subsp. Kitai-
belii . . . . = Knautia Kitaibelii
— carpatica
Scabiosa Kitaibelii
— carpatica . . . . = Knautia arvensis subsp.
Kitaibelii
— Timeroyi
— collina . . . . = — Timeroyi
— dipsacifolia . . . . . . = — silvatica
— drymeia . . . . . . = — pannonica z. T.[68])
— illyrica . . . . = — Timeroyi
— Kitaibelii . . . . = — arvensis subsp. Kitaibelii

---

[67]) Regelgemäßer (prioritätsberechtigter) Name, jedoch irreführend, weil einen Bastard vor-
täuschend.
[68]) Dieser Name wurde auch in anderem Sinne gebraucht.

Knautia longifolia . . . == Scabiosa longifolia
  — pannonica z. T.[68]) . . . . = Knautia drymeia
  — purpurea . . . . = — Timeroyi
Knautia silvatica . . . = Knautia silvatica var. dipsacifolia
  Knautia dipsacifolia
  Scabiosa silvatica
  Scabiosa dipsacifolia
Knautia Timeroyi . . . = Knautia purpurea
  — illyrica
  — collina

Kobresia Bellardii . . . . = Elyna myosuroides
  — myosuroides . . . . . . = Elyna myosuroides
  — simpliciuscula . . . = Kobresia caricina
  — bipartita

Kochia arenaria . . . . = Kochia laniflora
  — hirsuta . . . . = Bassia hirsuta
Koeleria eriostachya . . = Koeleria carniolica
  — pyramidata subsp. eriostachya
  — montana . . . . = (— pyramidata subsp.
  montana)
  — pseudocristata . . = (— gracilis subsp. pseudocristata)
  — pyramidata . . . . = — cristata z. T.[69])
  — ciliata
Kohlrauschia prolifera == (Tunica prolifera)
  Dianthus prolifer

Laburnum alpinum . . . = Cytisus alpinus
  — anagyroides . . . . = Laburnum vulgare
  Cytisus Laburnum
Lactuca quercina subsp.
  Chaixii . . . . == Lactuca quercina subsp. sagittata
  — Chaixii
  — sagittata
  — — subsp. genuina[70]) . == — quercina subsp. quercina[70])
  — quercina subsp. stricta
  — stricta
  — Serriola . . . . . . == — Scariola
Lamium Galeobdolon . . = Lamium luteum
  Galeobdolon luteum

Lampsana communis . . . . . == Lapsana communis
Lappa: . . . . siehe Arctium
Lappa major . . . . == Arctium Lappa
Lappula deflexa . . . . == Hackelia deflexa
  Echinospermum deflexum
Lappula Myosotis . . . = Lappula echinata

---

[68]) Dieser Name wurde auch in anderem Sinne gebraucht.
[69]) Dieser Name ist wegen seiner Mehrdeutigkeit unverwendbar.
[70]) Nach einer etwas anfechtbaren neuen Bestimmung wäre subsp. *quercina* die giltige Bezeichnung. Vgl. die Fußnote zu *Achillea distans*.

Lappula Myosotis . . . = Echinospermum Lappula
Lapsana communis . . . = Lampsana communis
Laser trilobum . . . . . = Siler trilobum
Laserpitium Gaudini . . = Laserpitium Krapfii subsp. Gaudini
— Halleri . . . . . . = — Panax
 — hirsutum

— Siler . . . . = Siler montanum
Lasiagrostis Calamagrostis[71]) . . = Achnatherum Calamagrostis

Lathyrus laevigatus s. l. . = Orobus luteus
— laevigatus subsp.
 laevigatus . . . . . = Orobus laevigatus
— — subsp. occidentalis = Lathyrus ochraceus
 — occidentalis

— — subsp. occidentalis
 var. montanus . . . = Lathyrus Scopolii
 Orobus montanus

— latifolius . . . . . = Lathyrus megalanthus
— megalanthus . . . . . . = — latifolius
— montanus . . . . . . = Orobus tuberosus
— niger . . . . = Orobus niger
— occidentalis . . . . . = Lathyrus laevigatus subsp.
 occidentalis

— ochraceus . . . . = Lathyrus laevigatus subsp.
 occidentalis

— pannonicus . . . . = Orobus pannonicus
 Orobus albus

— pannonicus subsp.
 collinus . . . . . . = Lathyrus pannonicus subsp.
 versicolor z. T.[72])
 Lathyrus versicolor z. T.[72])
 Orobus versicolor z. T.[72])

— pannonicus subsp. versi-
 color z. T. . . . . = Lathyrus pannonicus subsp.
 collinus

— Scopolii . . . . = Lathyrus laevigatus subsp.
 occidentalis var. monta-
 nus

— variegatus . . . . . . = Lathyrus venetus
— venetus . . . . . . = Lathyrus variegatus
 Orobus venetus

— vernus . . . . = Orobus vernus
— versicolor z. T.[72]) . . . . = Lathyrus pannonicus subsp.
 collinus

Lavandula officinalis . = Lavandula vera
 — Spica z. T.[73])

---

[71]) Der eingebürgerte Gattungsname *Lasiagrostis* müßte, um beibehalten zu werden, gegenüber *Achnatherum* auf der Ausnahmsliste geschützt werden.
[72]) Der echte *L. versicolor* wächst nicht in Österreich.
[73]) Dieser Name umfaßt auch die in Österreich nicht winterharte *L. latifolia,* welche das
Spik-Öl liefert.

Leersia oryzoides . . . . = Oryza clandestina
                        − oryzoides
Legousia hybrida . . . . = Specularia hybrida
  − speculum-Veneris . = Specularia speculum-Veneris
Lemna polyrrhiza . . . . . = Spirodela polyrrhiza
Lens culinaris . . . . . = Lens esculenta
                        Ervum Lens

Leontodon danubialis . . . = Leontodon hispidus subsp.
                        hastilis
  − hastilis . . . . = − hispidus subsp. hastilis
  − helveticus . . . . . = − pyrenaicus[74]) subsp. helveticus
  − hirtus . . . . = − Leysseri
  − hispidus subsp. hastilis = − hispidus subsp. danubialis
                        − hispidus subsp. glabratus
                        − hispidus var. glabratus
                        − danubialis
                        − hastilis
  − − subsp. hispidus . . = − hispidus s. str.
  − − subsp. hyoseroides . = − hyoseroides
  − − subsp. pseudo-
        crispus . . . . . = − pseudocrispus
                        − hispidus var. crispatus
                        − hispidus var. pseudocrispus
  − − var. crispatus . . . . = − hispidus subsp.
                        pseudocrispus
  − − var. pseudocrispus . . . = − hispidus subsp.
                        pseudocrispus
  − − var. vulgaris . . . . . = − hispidus subsp.
                        hispidus
  − hyoseroides . . . . . . = − hispidus subsp.
                        hyoseroides
  − Leysseri . . . . . . = − nudicaulis subsp. taraxacoides
                        − taraxacoides
                        − hirtus
                        Thrincia hirta
  − montanus . . . . . = Leontodon Taraxaci
  − nudicaulis subsp. taraxacoides = Leontodon Leysseri
  − pseudocrispus . . . . . = Leontodon hispidus subsp.
                        pseudocrispus
  − pyrenaicus[74]) subsp. helveticus = Leontodon helveticus·
  − Taraxaci . . . . = Leontodon montanus
  − taraxacoides . . . . . . = − Leysseri
  − Taraxacum . . . . . . = Taraxacum officinale
Leontopodium alpinum . = Gnaphalium Leontopodium
Leonurus Marrubiastrum = Chaiturus Marrubiastrum
Lepidium cartilagineum = Lepidium crassifolium
Lepidium Draba . . . . = Cardaria Draba
Lepigonum: . . . . = siehe Spergularia
Lepturus pannonicus . . . . . = Pholiurus pannonicus

---

[74]) Der echte *L. pyrenaicus* kommt in Österreich nicht vor.

Leucanthemum alpinum . . . . = Chrysanthemum alpinum
— atratum . . . . = Chrysanthemum atratum
— coronopifolium . . . . . = Chrysanthemum atratum
— vulgare . . . . = Chrysanthemum
                                Leucanthemum

Leucorchis albida . . . . = Gymnadenia albida
Levisticum officinale. . = Levisticum paludapifolium
                                Ligusticum Levisticum

Libanotis montana . . . == Seseli Libanotis
Ligusticum Levisticum . . . = Levisticum officinale
— Mutellina . . . . . == Meum Mutellina
— mutellinoides . . . == Ligusticum simplex
                                Pachypleurum simplex
                                Gaya simplex
                                Neogaya simplex

Limnanthemum Nymphoides . . == Nymphoides peltata
Limodorum abortivum . == Centrosis abortiva
Linaria Cymbalaria . . . : == Cymbalaria muralis
— Elatine . . . . == Kickxia Elatine
— minor . . . . = Chaenorrhinum minus
— monspessulana . . . . . = Linaria repens
— repens . . . . = Linaria monspessulana
                                — striata
— spuria . . . . = Kickxia spuria
— striata . . . . == Linaria repens
Linosyris vulgaris . . . . . = Aster Linosyris
Linum julicum . . . . . == Linum alpinum subsp. julicum
— laeve . . . . = — — subsp. montanum
Liparis Loeselii . . . . == Pseudorchis Loeselii
                                Sturmia Loeselii
Litorella uniflora . . . == Litorella lacustris
                                — juncea
Loiseleuria procumbens == Azalea procumbens
Lolium multiflorum . . == Lolium italicum
— remotum . . . . . . == — linicola
Lomatogonium
carinthiacum . . . . . == Swertia carinthiaca
                                Pleurogyne carinthiaca
Loroglossum hircinum . . . . . = Himantoglossum hircinum
Lotus corniculatus subsp.
tenuis . . . . = (Lotus tenuis)
                                Lotus corniculatus subsp. tenuifolius
                                Lotus tenuifolius
(Lotus siliquosus) . . . . = Tetragonolobus
                                siliquosus
(— Tetragonolobus) . . = Tetragonolobus
                                purpureus
Ludwigia palustris . . == Isnardia palustris
Lunaria annua . . . . . == Lunaria biennis
Luronium natans . . . . == Elisma natans

Luzula albida . . . . . . = Luzula nemorosa
                                     — luzuloides
— alpina . . . . = — sudetica
— alpino-pilosa[75]) . . . . . = — spadicea
— campestris subsp. alpestris . = — sudetica
— campestris subsp. multiflora . = — multiflora
— campestris subsp. sudetica . = — sudetica
— flavescens . . . . . = — luzulina[76])
— luzulina[76]) . . . . . . = — flavescens
— luzuloides . . . . = — albida
— maxima . . . . . . = — silvatica
— multiflora . . . . . = — campestris subsp. multiflora
— nemorosa . . . . . . = — albida
— pallescens . . . . . = — sudetica subsp. pallescens
— Sieberi . . . . = — silvatica subsp. Sieberi
— silvatica . . . . . . = — maxima
— silvatica subsp. Sieberi = — Sieberi
— spadicea . . . . . . = — alpino-pilosa[75])
— sudetica . . . . . . = — alpina
                                     — campestris subsp. alpestris
                                     — campestris subsp. sudetica
— sudetica subsp. pallescens . = — pallescens
Lychnis alpina . . . . . . = Viscaria alpina
— Coronaria . . . . . = Coronaria tomentosa
— dioica z. T. . . . . . . = Melandryum album
— dioica z. T. . . . . . . = Melandryum rubrum
— diurna . . . . = Melandryum rubrum
— Flos-cuculi . . . . = Coronaria Flos-cuculi
— vespertina . . . . . . = Melandryum album
— Viscaria . . . . = Viscaria vulgaris
Lycium halimifolium . . = Lycium vulgare
                                     — barbarum
Lycopsis arvensis . . . . = Anchusa arvensis
Lysimachia thyrsiflora . = Naumburgia thyrsiflora
Maclura pomifera . . . . = Maclura aurantiaca
Majorana hortensis . . . = Origanum Majorana
Malachium aquaticum . . = (Stellaria aquatica)
Malaxis[77]) monophyllos . . . . = Achroanthes monophyllos
Malaxis[77]) paludosa . . . . . . = Hammarbya paludosa
Malus domestica . . . . = Malus communis z. T.[78])
                                     Pirus Malus z. T.[78])
Malus pumila[79]) . . . . . = Malus paradisiaca[79])

---

[75]) Den Regeln gemäßer, aber irreführender Name, da er einen Bastard von *L. alpina* (= *L. sudetica*) mit *L. pilosa* vortäuscht.

[76]) Regelgemäßer, aber widersinniger Name.

[77]) Der Gattungsname *Malaxis* wurde in verschiedenem Sinne gebraucht, ist folglich nicht eindeutig und wird am besten ganz fallengelassen.

[78]) Die Namen *Malus communis* und *Pirus Malus* umfaßten Kulturäpfel u n d Wildäpfel. *M. domestica* ist ein klarer Sammelname für die Kulturäpfel.

[79]) Der aus West-Asien und Süd-Rußland stammende Johannis-Apfel, der häufig als schwachwüchsige Pfropfunterlage verwendet wird.

Malus silvestris. . . . . = Malus acerba
Pirus Malus subsp. silvestris
Malva mauritiana . . . = Malva silvestris subsp. mauritiana
— pusilla . . . . = — borealis
Matricaria discoidea . . = Matricaria matricarioides[80])
— suaveolens
— inodora . . . . = (— maritima subsp. inodora)
Chamaemelum inodorum
Chrysanthemum inodorum
Medicago varia . . . . = Medicago media
(= M. falcata × sativa)
Melampyrum[81]) angustissimum subsp. angustissimum . . . . = Melampyrum subalpinum subsp. angustissimum

— angustissimum subsp. grandiflorum . . . = — subalpinum subsp. grandiflorum
— grandiflorum
— carpaticum . . . . . . = — silvaticum subsp. laricetorum
— commutatum . . . . . = — pratense subsp. vulgatum
— grandiflorum . . . . . = — angustissimum subsp. grandiflorum
— paludosum . . . . . . = — pratense subsp. paludosum
— praealpinum . . . . . = — subalpinum
— pratense subsp. paludosum . . . . . . = — paludosum
— — subsp. vulgatum . . = — vulgatum
— commutatum
— saxosum z. T. . . . . . . = — silvaticum subsp. transsilvanicum
— saxosum z. T. . . . . . . = — silvaticum subsp. pallens
— silvaticum subsp. laricetorum . . . . = — carpaticum
— — subsp. pallens . . . = — saxosum z. T.
— — subsp. transsilvanicum . . . . = — saxosum z. T.
— subalpinum . . . . = — praealpinum
— vulgatum . . . . = — pratense subsp. vulgatum
Melandryum album . . . = Melandryum pratense
— dioicum z. T.

Melandryum album . . . == Lychnis verspertina
Lychnis dioica z. T.
— noctiflorum . . . . = Silene noctiflora
— rubrum . . . . = Melandryum silvestre
— dioicum z. T.
Lychnis diurna
Lychnis dioica z. T.
— viscosum . . . . . . = Silene viscosa
Melica ciliata var. trans-
silvanica . . . . . . = Melica transsilvanica
Melilotus altissimus . . = Melilotus macrorrhizus
Mentha arvensis subsp.
agrestis . . . . . . = Mentha arvensis s. str.
— — subsp. austriaca . . = — austriaca
— — subsp. parietariae-
folia . . . . = — parietariaefolia
— austriaca . . . . . . = — arvensis subsp.
austriaca
— crispa[82] . . . . = — spicata var. crispata
— longifolia . . . . . = — silvestris
— longifolia var. mollis-
sima . . . . = — mollissima
— mollissima . . . . . . = — longifolia var. mollissima
— parietariaefolia . . . . . = — arvensis subsp. parietariaefolia
— silvestris . . . . = — longifolia
— spicata . . . . = — viridis
— spicata var. crispata . = — crispa z. T.[82]
— viridis . . . . = — spicata
Meum Mutellina . . . . . . = Ligusticum Mutellina
Microtylis monophyllos . . . = Achroanthes monophyllos
Mimulus guttatus . . . = Mimulus luteus z. T.[83]
Minuartia . . . . = Alsine[84]
Minuartia fastigiata . . = Minuartia fasciculata
Alsine fasciculata
— Gerardi . . . . . . = Minuartia verna subsp. Gerardi
Alsine Gerardi
— laricifolia . . . . . = Minuartia striata s. l., z. T.
Minuartia Kitaibelii
Alsine laricifolia
— laricifolia subsp.
striata . . . . . . = Minuartia striata s. str.
— sedoides . . . . . . = Cherleria sedoides
Alsine sedoides

---

[82] *M. crispa* im weiteren Sinn umfaßt krausblättrige Formen verschiedener Arten und Ba-
starde. Die als Heilpflanze verwendete *Mentha crispa* ist in erster Linie (oder nur) die
krausblättrige Form von *M. spicata.*

[83] Die fälschlich als *M. luteus* bezeichnete allbekannte Zierpflanze ist durchwegs *M. guttatus.*

[84] Die meisten *Minuartia*-Arten führen den gleichen Art-Nachnamen (das gleiche Art-Epitheton) auch unter dem Gattungsnamen *Alsine.*

Minuartia verna s. str. . .	=	Minuartia verna subsp. collina
		— verna subsp. montana
Moehringia ciliata . . .	=	Moehringia polygonoides
Molinia arundinacea		
var. altissima . . .	=	Molinia altissima
— — var. eu-arundinacea[85])	=	— arundinacea var. arundinacea[85])
		— arundinacea s. str.
— — var. litoralis . . .	=	— litoralis
Monotropa Hypopitys		
var. glabra	=	Monotropa hypophegea
— — var. hirsuta	=	— Hypopitys s. str.
		— multiflora
Montia rivularis	=	Montia fontana subsp. rivularis
— verna	=	— minor
		— fontana subsp. minor
		— fontana subsp. verna
Mulgedium alpinum	=	Cicerbita alpina
Mycelis muralis.	=	Cicerbita muralis
		Lactuca muralis
Myosotis alpestris s. str. . . .	=	Myosotis alpestris subsp. alpestris
— alpestris subsp. alpestris	=	— alpestris s. str.
— alpestris subsp. stenophylla	=	— stenophylla
		— suaveolens z. T.
— arenaria	=	— stricta
— arvensis	=	— intermedia
— caespititia	=	— palustris subsp. caespititia
		(— Rehsteineri)
— caespitosa	=	(— laxa subsp. caespitosa)
— collina ·.	=	— hispida
— discolor	=	— versicolor
		— lutea
— hispida	=	— collina
— intermedia	=	— arvensis
— Kerneri	=	(— variabilis subsp. Kerneri)
(— laxa subsp. caespitosa)	=	— caespitosa
— lutea	=	— discolor
— micrantha	=	— stricta
— palustris	=	— scorpioides
— palustris subsp. caespititia	=	(— Rehsteineri)
		— caespititia
— — subsp. palustris . .	=	— palustris s. str.

---

[85]) Nach einer etwas anfechtbaren neuen Bestimmung wäre var. *arundinacea* die giltige Bezeichnung. Vgl. die Fußnote zu *Achillea distans*.

Myosotis palustris subsp.
praecox . . . . . . = Myosotis praecox
— — subsp. repens . . . . = — palustris subsp. strigulosa
— — subsp. serotina . . = — serotina
— — subsp. strigulosa . . = — palustris subsp. repens
— strigulosa
— repens
— praecox . . . . = — palustris subsp.
praecox
(— Rehsteineri) . . . . = — palustris subsp.
caespititia
— caespititia
— repens . . . . = — palustris subsp.
strigulosa
— scorpioides . . . . . . = — palustris
— serotina . . . . = — palustris subsp.
serotina
— silvatica subsp. Gáyeri = — suaveolens z. T.
— stenophylla . . . . . = — alpestris subsp. stenophylla
— stricta . . . . = — micrantha
— arenaria
— strigulosa . . . . . . = — palustris subsp.
strigulosa
— suaveolens z. T. . . . . = — alpestris subsp. stenophylla
— suaveolens z. T. . . . . = — silvatica subsp. Gáyeri
(— variabilis subsp.
Kerneri . . . . . . = — Kerneri
— versicolor . . . . . . = — discolor
Najas marina . . . . . = Najas major
Narcissus stellaris . . . = Narcissus stelliflorus
— angustifolius z. T.[86])
— radiiflorus z. T.[86])
— radiiflorus subsp. stellaris
— poëticus subsp. stellaris
Nasturtium Armoracia . . . . = Armoracia lapathifolia
Nasturtium officinale . = Nasturtium aquaticum
— fontanum
Cardamine Nasturtium
Cardaminum Nasturtium
Rorippa Nasturtium-aquaticum
Baeumerta Nasturtium-aquaticum
Naumburgia thyrsiflora . . . . = Lysimachia thyrsiflora
(Negundo aceroides) . . . = Acer Negundo
— fraxinifolium . . . . . . = Acer Negundo
Neogaya simplex . . . . = Ligusticum mutellinoides

---

[86]) Der echte *N. angustifolius (= N. radiiflorus)* ist eine südeuropäische Pflanze.

Nepeta pannonica . . . . = Nepeta nuda
— pannonica var. grandi-
flora . . . . = — violacea
Neslia paniculata . . . . = Vogelia paniculata
Nigritella nigra . . . = Nigritella angustifolia
Gymnadenia nigra
— rubra . . . . = Gymnadenia rubra
Nuphar luteum . . . . . = Nymphaea lutea
Nymphozanthus luteus
— pumilum . . . . . . = Nymphaea pumila
Nymphozanthus pumilus
Nymphaea alba . . . . . = Castalia alba
— candida . . . . = Castalia candida
— candida var. semi-
aperta . . . . = Nymphaea semiaperta
— biradiata
Castalia semiaperta
Nymphoides peltata . . = Nymphoides orbiculata
Limnanthemum Nymphoides
Nymphozanthus: . . . . . . siehe N u p h a r

Odontites lutea . . . . . = Orthantha lutea
Euphrasia lutea
— rubra . . . . = Euphrasia Odontites
— rubra subsp. serotina = Odontites serotina
Euphrasia serotina
— rubra subsp. verna . = Odontites verna
Euphrasia verna
Oenanthe aquatica . . = Oenanthe Phellandrium
Phellandrium aquaticum
Oenothera biennis . . . = Onagra biennis
— parviflora . . . . . = Oenothera muricata
— syrticola
Onagra muricata
Onagra: . . . . siehe O e n o t h e r a
Onobrychis viciaefolia = Onobrychis sativa
Ononis foetens . . . . . = Ononis austriaca
— spinosa subsp. austriaca
— hircina . . . . . . = — arvensis z. T.[87]
— spinosa subsp. hircina
— pusilla . . . . = — Columnae
— subocculta
— repens . . . . = — procurrens
— spinosa subsp. procurrens
— spinosa . . . . . . = — spinosa subsp. legitima
Onosma tuberculatum . = (Onosma pseudoarenarium
subsp. tuberculatum)
— austriacum

---

[87]) Mehrdeutiger, daher unverwendbarer Name.

Onosma tuberculatum	=	Onosma pseudoarenarium var. austriacum
		— arenarium var. austriacum
Ophrys fuciflora	=	Ophrys arachnites
— muscifera	=	— myodes
		— insectifera z. T.[88])
— sphegodes	=	— araneïfera
Orchis angustifolia	=	Orchis Traunsteineri
— fusca	=	— purpurea
— globosa	=	Traunsteinera globosa
— incarnata	=	Orchis strictifolia
— latifolia	=	— majalis
— majalis	=	— latifolia
— mascula subsp. signifera	=	— signifera
		— speciosa
— purpurea	=	— fusca
— signifera	=	— mascula subsp. signifera
— speciosa	=	— mascula subsp. signifera
— strictifolia	=	— incarnata
— Traunsteineri	=	— angustifolia
— tridentata	=	— variegata
— variegata	=	— tridentata
Oreochloa disticha	=	Sesleria disticha
Origanum Majorana	=	Majorana hortensis
Ornithogalum Boucheanum	=	Ornithogalum chloranthum
— Gussoneï	=	— tenuifolium z. T.[89])
— pyrenaicum	=	— flavescens
Orobanche alba	=	Orobanche epithymum
— arenaria	=	Phelipaea arenaria
— barbata	=	Orobanche minor
— caesia	=	Phelipaea caesia
— caryophyllacea	=	Orobanche vulgaris
— coerulea	=	— purpurea
— cruenta	=	— gracilis
— epithymum	=	— alba
— Galii	=	— vulgaris
— gracilis	=	— cruenta
— minor	=	— barbata
— pallidiflora	=	— reticulata subsp. pallidiflora
— purpurea	=	— coerulea
		Phelipaea purpurea

---

[88]) Dieser Name umfaßte ursprünglich den größten Teil der Gattung *Ophrys;* die Einschränkung auf *O. muscifera* entspricht nicht seinem Sinne.

[89]) Dieser Name ist nicht eindeutig; er wurde auch für verschiedene verwandte Pflanzen gebraucht.

Orobanche reticulata
  subsp. pallidiflora . .   =   Orobanche pallidiflora
— vulgaris . . . . . .   =   — caryophyllacea
                              — Galii

Orobus albus . . . .   =   Lathyrus pannonicus
— laevigatus . . . . . .   =   — laevigatus subsp. laevi-
                                  gatus

— luteus . . . .   =   — laevigatus s. l.
— montanus . . . .   =   — laevigatus subsp.
                                  occidentalis var. mon-
                                  tanus

— niger . . . .   =   — niger
— pannonicus . . . . . .   =   — pannonicus
— tuberosus . . . . . .   =   — montanus
— variegatus . . . . . .   =   — venetus
— venetus . . . .   =   — venetus
— vernus . . . .   =   — vernus
— versicolor z. T. . . . . .   =   — pannonicus subsp.
                                      collinus

Orthantha lutea . . . .   =   Odontites lutea
                              Euphrasia lutea

Oryza clandestina . . . . . .   =   Leersia oryzoides
— oryzoides . . . .   =   Leersia oryzoides
Ostericum palustre . . . . . .   =   Angelica palustris
Oxycoccus microcarpus . . . .   =   Vaccinium Oxycoccos
                                      subsp. microcarpum

(Oxycoccus palustris) . =   Vaccinium Oxycoccos
(Oxycoccus palustris
  subsp. microcarpus) . .   =   Vaccinium Oxycoccos
                                  subsp. microcarpum

Oxycoccus quadripetalus . . . .   =   Vaccinium Oxycoccos
Oxygraphis gelida . . . . . .   =   Ranunculus glacialis
Oxygraphis glacialis z. T.[90]) . .   =   Ranunculus glacialis
Oxygraphis vulgaris . . . . .   =   Ranunculus glacialis
Oxytropis campestris . =   Astragalus campestris
— campestris var. coerulea und
  var. sordida . . . . . .   =   Oxytropis tiroliensis
— carinthiaca . . . . . .   =   Oxytropis montana var.
                                  carinthiaca

— Halleri . . . .   =   Oxytropis sericea
                              Astragalus sericeus
— lapponica . . . . . .   =   Astragalus lapponicus
— montana . . . .   =   Oxytropis Jacquini
                              Astragalus montanus

— montana var. carin-
  thiaca . . . .   =   Oxytropis carinthiaca
— neglecta . . . . . .   =   Astragalus triflorus var. Gaudini
— pilosa . . . .   =   Astragalus pilosus

---

[90]) *O. glacialis* Dalla Torre, non Bunge; die echte *O. glacialis* Bunge ist eine davon
weit verschiedene Pflanze der altaischen Gebirge.

Oxytropis sericea . . . . . = Oxytropis Halleri
  — sordida z. T.[91]) . . . . . = Oxytropis tiroliensis
  — tiroliensis . . . . . = Oxytropis campestris var. coerulea
    und var. sordida
    Oxytropis sordida z. T.[91])
    Astragalus tiroliensis

Pachypleurum simplex . . . . = Ligusticum mutellinoides
Padus avium . . . . . . = (Prunus Padus)
    Padus racemosa
Paederota Bonarota . . = (Veronica Bonarota)
  — lutea . . . . = (Veronica lutea)
    Paederota Ageria
Paeonia mascula . . . . = Paeonia corallina
  — officinalis . . . . =   — femina
    — peregrina z. T.[92])
Panicum ambiguum . . . . . = Setaria decipiens
  — ciliare . . . . = Digitaria sanguinalis
    subsp. pectiniformis
  — Crus-galli . . . . = Echinochloa Crus-galli
  — filiforme . . . . . . = Digitaria Ischaemum
  — glaucum . . . . . . = Setaria glauca
  — Ischaemum . . . . . . = Digitaria Ischaemum
  — italicum . . . . . . = Setaria italica
  — lineare . . . . = Digitaria Ischaemum
  — sanguinale . . . . . = Digitaria sanguinalis
  — sanguinale subsp. ciliare . . = Digitaria sanguinalis
    subsp. pectiniformis
  — verticillatum . . . . . = Setaria verticillata
  — viride . . . . = Setaria viridis
Papaver Burseri . . . . = Papaver alpinum subsp. albiflorum
    — alpinum subsp. Burseri
  — rhaeticum . . . . . =   — alpinum subsp. flaviflorum
    — pyrenaicum z. T.[93])
    — pyrenaicum subsp. rhaeticum
    — aurantiacum z. T.[94])

Papaver Rhoeas subsp. strigosum . . . . = Papaver strigosum
Parietaria judaica . . . = Parietaria diffusa
    — ramiflora z. T.[95])
  — officinalis . . . . . =   — erecta
Parthenocissus pubescens (Selbstkletternder Wilder Wein)[96] . . . . = Parthenocissus radicantissima

---

[91]) Die echte *O. sordida* ist eine nordische Pflanze.
[92]) Die echte *P. peregrina* ist eine davon verschiedene, osteuropäische Pflanze.
[93]) Dieser Name bezieht sich in erster Linie auf *P. suaveolens* aus den Pyrenäen; er ist demnach nicht eindeutig und folglich unanwendbar.
[94]) Das echte *P. aurantiacum* ist eine westalpine Pflanze
[95]) Der Name soll sich ursprünglich auf das Herbststadium von *P. officinalis* bezogen haben.
[96]) Ist viel seltener in Kultur als der Gewöhnliche Wilde Wein.

Parthenocissus pubes-
cens (Selbstkl. W. Wein) == Parthenocissus quinquefolia z. T.[97])
Ampelopsis radicantissima

— quinquefolia (Gewöhn-
licher Wilder Wein) . . . = Parthenocissus inserta
— vitacea
Ampelopsis quinquefolia z. T.
Quinaria quinquefolia
Psedera vitacea

— tricuspidata (Mauer-
katze, Veitch-Rebe) . . . . = Parthenocissus Veitchii
Ampelopsis Veitchii

Passerina annua . . . . = Thymelaea Passerina
Pedicularis asplenifolia = Pedicularis salisburgensis
— caespitosa . . . . = — Kerneri
— geminata . . . . = — Portenschlagii
— Hacquetii . . . . . = — Summana
— incarnata . . . . = — rostrato-spicata
— Jacquini . . . . = — rostrato-capitata
— Kerneri . . . . . . = — rhaetica
— caespitosa
— rostrata z. T.
— Oederi . . . . = — versicolor
— Portenschlagii . . . = — geminata
— rhaetica . . . . = — Kerneri
— rostrata z. T. . . . . . . = — rostrato-capitata
— rostrata z. T. . . . . . . = — Kerneri
— rostrata z. T. . . . . . . = — rostrato-spicata
— rostrato-capitata . . = — Jacquini
— rostrata z. T.
— rostrato-spicata . . = — incarnata
— rostrata z. T.
— salisburgensis . . . . . = — asplenifolia
— Summana . . . . = — Hacquetii
— versicolor . . . . = — Oederi
Persica vulgaris . . . . = (Prunus Persica)
— vulgaris subsp. laevis = (Prunus Persica subsp.
laevis)
— — var. nucipersica
— — var. nectarina

Petasites hybridus . . . = Petasites officinalis
— paradoxus . . . . . = — niveus
Petroselinum hortense . = Petroselinum crispum[98])
— sativum

Peucedanum austriacum
subsp. rablense . . . = Peucedanum rablense
— Carvifolia . . . . . = — Chabraei

---

[97]) Die Anwendung dieses Namens für den Selbstkletternden Wilden Wein ist unberechtigt,
kommt aber leider sehr häufig vor.
[98]) Regelgemäßer, aber auf eine Bildungsabweichung (gekrauste Blätter) begründeter und
dadurch irreführender Name.

Peucedanum Ostruthium = Imperatoria Ostruthium
— Ostruthium subsp.
angustifolium . . . = Peucedanum angustifolium
— palustre . . . . . . = Thysselinum palustre
— verticillare . . . . = Peucedanum altissimum
Angelica verticillaris
Tommasinia verticillaris

Phaca alpina . . . . = Astragalus penduliflorus
— astragalina . . . . . . = — alpinus
— australis . . . . = — helveticus
— frigida . . . . = — frigidus
— helvetica . . . . = — helveticus
Phalaris arundinacea . . . . = Typhoides arundinacea
Pharbitis purpurea . . = Pharbitis hispida
Ipomoea purpurea

Phaseolus coccineus . . = Phaseolus multiflorus
— vulgaris subsp. com-
munis⁹⁹) . . . . . . = — vulgaris subsp. vulgaris⁹⁹)
— vulgaris s. str.

— — subsp. nanus . . . = — nanus
Phelipaea: . . . . = siehe Orobanche
Phellandrium aquaticum . . . = Oenanthe aquatica
Philadelphus coronarius = Philadelphus pallidus
Phleum Boehmeri . . . = Phleum phleoides¹⁰⁰)
— phalaroides
— hirsutum . . . . . . = — Michelii
— paniculatum . . . . = — asperum
Pholiurus pannonicus . = Lepturus pannonicus
Phragmites communis . = Arundo Phragmites
Physocarpus opulifolius = Spiraea opulifolia
Phyteuma charmelioides . . . = Phyteuma Scheuchzeri
subsp. charmelioides

— comosum . . . . . . = Synotoma comosum
— confusum . . . . . . = Phyteuma nanum
— globulariaefolium . . = — pauciflorum
— Halleri . . . . = — ovatum
— Michelii . . . . = — Zahlbruckneri
— nanum . . . . = — confusum
— ovatum . . . . . . = — Halleri
— pauciflorum . . . . . = — globulariaefolium
— persicifolium . . . . . = — Zahlbruckneri
— Scheuchzeri subsp.
charmelioides . . . = — charmelioides
— Zahlbruckneri . . . = — Michelii
— persicifolium

Phytolacca americana . . = Phytolacca decandra
Picris echioides . . . . = Helminthia echioides

---

⁹⁹) Nach einer etwas anfechtbaren neuen Bestimmung wäre subsp. *vulgaris* die giltige Bezeichnung. Vgl. die Fußnote zu *Achillea distans*.
¹⁰⁰) Regelmäßiger, aber widersinniger Name.

Picris hieracioides subsp.
auriculata . . . . . = Picris auriculata
— — subsp. euhieracioi-
des[101]) . . . . . . = — hieracioides subsp. hieracioides[101])
— hieracioides s. str.
— — subsp. paleacea . . = — paleacea
— — subsp. sonchoides . = — sonchoides
— crepoides
Pimpinella alpina . . . = (Pimpinella saxifraga
subsp. alpestris)
— alpestris
— major . . . . = — magna
— saxifraga var. nigra = — nigra
Pirola chlorantha . . . = Pirola virens
— secunda . . . . . . = Ramischia secunda
— umbellata . . . . . . = Chimaphila umbellata
— uniflora . . . . . . = Moneses uniflora
Pirus communis . . . . = Pirus communis subsp. sativa
— Malus . . . . = Malus domestica u. and.
Malus-Arten
— nivalis . . . . = Pirus communis subsp. nivalis
— Piraster . . . . . . = — — subsp. Piraster
— Piraster var. Achras . = — Achras
Pisum sativum subsp.
arvense . . . . = Pisum arvense
Plantago aristata . . . = Plantago patagonica z. T.[102])
Plantago atrata . . . . = Plantago montana
— indica . . . : . . . = — arenaria
— ramosa
— sempervirens . . . = — suffruticosa
— Cynops z. T.[103])
Platanthera chlorantha = Platanthera montana
Pleurogyne carinthiaca . . . . = Lomatogonium carinthia-
cum
Pleuropterus cuspidatus . . . . = Tiniaria japonica
(Polygonum cuspidatum)
— sachalinensis . . . . . . = Tiniaria sachalinensis
(Polygonum sachalinense)
Poa glauca . . . . = Poa caesia
— palustris . . . . . . = — serotina
— fertilis
— supina . . . . . = — annua subsp. varia
Podospermum canum . . . . . = Arachnospermum canum
— Jacquinianum . . . . . = Arachnospermum canum

---

[101]) Nach einer etwas anfechtbaren neuen Bestimmung wäre subsp. *hieracioides* die giltige
Bezeichnung. Vgl. die Fußnote zu *Achillea distans*.
[102]) Die echte *P. patagonica* ist eine von der nordamerikanischen *P. aristata* verschiedene
Art, die niemals in Österreich beobachtet worden ist.
[103]) Dieser Name ist nicht eindeutig, daher unverwendbar.

Podospermum laciniatum	=	Arachnospermum laciniatum
Polygala alpestris	=	Polygala microcarpa
— amara		
subsp. brachyptera	=	— subamara
— Chamaebuxus	=	(Chamaebuxus alpestris)
— serpyllifolia	=	Polygala serpyllacea
		— depressa
Polygonatum latifolium	=	Convallaria latifolia
— multiflorum	=	Convallaria multiflora
— officinale	=	Polygonatum odoratum
		Convallaria Polygonatum
— verticillatum	=	Convallaria verticillata
(Polygonum baldschuanicum)	=	Tiniaria baldschuanica
— Bellardii z. T.	=	Polygonum Kitaibelianum
(— Brittingeri)	=	— lapathifolium subsp. danubiale
		— danubiale
(— Convolvulus)	=	Tiniaria Convolvulus
(— cuspidatum)	=	Tiniaria japonica
— danubiale	=	Polygonum lapathifolium subsp. danubiale
		(— Brittingeri)
(— dumetorum)	=	Tiniaria dumetorum
(— Fagopyrum)	=	Fagopyrum vulgare
— glandulosum	=	Polygonum lapathifolium subsp. punctatum
— Kitaibelianum	=	— patulum
		— Bellardii z. T
— lapathifolium	=	— nodosum
-- lapathifolium subsp. Brittingeri	=	— lapathifolium subsp. danubiale
		(— Brittingeri)
— lapathifolium subsp. danubiale	=	(— Brittingeri)
		— lapathifolium subsp. Brittingeri
		— danubiale
— lapathifolium subsp. pallidum	=	(— tomentosum)
		— lapathifolium subsp. tomentosum
		— pallidum
— lapathifolium subsp. punctatum	=	— glandulosum
— nodosum	=	— lapathifolium
— pallidum	=	— lapathifolium subsp. pallidum

Polygonum pallidum . . . . = (Polygonum tomentosum)
— patulum . . . . = — Kitaibelianum
(— sachalinense) . . . = Tiniaria sachalinensis
— Sieboldi . . . . . . = Tiniaria japonica
        (Polygonum cuspidatum)
(— tataricum) . . . . . = Fagopyrum tataricum
(— tomentosum) . . . . = Polygonum lapathifolium
        subsp. pallidum

Populus balsamifera . . = Populus Tacamahacca
— canadensis . . . . . = — deltoides z. T.[103b])
— deltoides . . . . . = -- virginiana
        — monilifera
— gileadensis . . . . = — candicans
        — ontariensis

— nigra subsp. pyrami-
dalis . . . . = — nigra subsp. italica
        — italica
        — pyramidalis

Potamogeton alpinus . . = Potamogeton rufescens
— angustifolius . . . = — Zizii
— coloratus . . . . . = — Hornemanni
— compressus . . . . = — zosteraefolius
— filiformis . . . . . = — marinus
— fluitans . . . . . . = — nodosus
— Friesii . . . . . . = — mucronatus
— Hornemanni . . . . . = — coloratus
— marinus . . . . . . = — filiformis
— mucronatus . . . . . = — Friesii
— nodosus . . . . . . = — fluitans
— rufescens . . . . . = — alpinus
— Zizii . . . . = — angustifolius
— zosteraefolius . . . = — compressus
Potentilla alpestris . . . . . = Potentilla Crantzii
— anglica . . . . . . = — procumbens
— arenaria . . . . . = — verna subsp. arenaria
— argentea subsp.
impolita . . . . . . = (— argentea var. impolita)
        — argentea var. incanescens
        — impolita
— Brauneana . . . . . = — minima
        — dubia
— collina s. str. . . . . . = — Wibeliana
— collina s. l. . . . . . . = umfaßt außerdem noch P. leuco-
        politana und andere Arten
— Crantzii . . . . . . = Potentilla maculata
        — alpestris
— dubia . . . . = — Brauneana
— erecta . . . . = — Tormentilla

[103b]) *P. deltoides* C. Schneider et auct mult., non Marshall.

Potentilla erecta . . . . = Potentilla silvestris
 — Fragariastrum . . . . . = — sterilis
 — Gaudini . . . . = — pusilla
 — glandulifera . . . . . = — pusilla
 — heptaphylla . . . . = — opaca
                                    — rubens
 — impolita . . . . = — argentea subsp.
                                    impolita
(— indica) . . . . = Duchesnea indica
 — leucopolitana . . . = Potentilla Lindackeri
                                    — collina s. l., z. T.
 — Lindackeri . . . . . . = — leucopolitana
 — maculata . . . . . . = — Crantzii
 — minima . . . . = — Brauneana
 — opaca . . . . = — heptaphylla
(— palustris) . . . . . = Comarum palustre
 — procumbens . . . . . = Potentilla anglica
 — puberula . . . . . . = — pusilla
 — pusilla . . . . = — puberula
                                    — glandulifera
                                    — Gaudini
                                    — verna subsp. puberula
 — rubens . . . . = — heptaphylla
 — silvestris . . . . . . = — erecta
 — sterilis . . . . . . = — Fragariastrum
 — Tabernaemontani . = — viridis
 — Tormentilla . . . . . = — erecta
 — verna subsp. arenaria . . = — arenaria
 — — subsp. puberula . . . = — pusilla
 — — subsp. vulgaris . . . = — Tabernaemontani
 — viridis . . . . . . = — Tabernaemontani
 — Wibeliana . . . . . . = — collina s. str.
Poterium muricatum . . . . = Sanguisorba muricata
 — Sanguisorba . . . . . = Sanguisorba minor
Primula acaulis . . . . . = Primula vulgaris
 — Auricula subsp.
   Balbisii . . . . . . = — Auricula subsp. ciliata
                                    — ciliata
                                    — Balbisii

 — Auricula subsp.
   Bauhini . . . . . . = — Auricula s. str.
 — — subsp. ciliata . . . . = — Auricula subsp. Balbisii
 — Balbisii . . . . . . = — Auricula subsp. Balbisii
 — ciliata . . . . . . = — Auricula subsp. Balbisii
 — commutata . . . . . . = — villosa var. commutata
 — daonensis . . . . . = — oenensis
 — Halleri . . . . . . = — longiflora
 — hirsuta . . . . . . = — viscosa z. T.[104]

---

[104] *P. viscosa* Vill., non All.; die *P. viscosa* All. wächst nicht in Österreich.

Primula longiflora . . . . . . = Primula Halleri
— oenensis . . . . = — daonensis
— officinalis . . . . = — veris
— pannonica . . . . . . = — veris subsp. canescens
— veris . . . . = — officinalis
— veris subsp. canescens . = — pannonica
— villosa var. commutata = — commutata
— vulgaris . . . . . . = — acaulis
Prunella laciniata . . . = Prunella alba
(Prunus Amygdalus) . . . = Amygdalus communis
(— Armeniaca) . . . . . = Armeniaca vulgaris
(— avium) . . . . = Cerasus avium
(— Cerasus) . . . . . . = Cerasus vulgaris
— Chamaecerasus . . . . . = Cerasus fruticosa
(Prunus fruticosa)

— communis z. T.[105]) . . . . = Amygdalus communis
(Prunus Amygdalus)
(— fruticosa) . . . . . = Cerasus fruticosa
(— Mahaleb) . . . . . . = Cerasus Mahaleb
— nana z. T.[106]) . . . . . . = Amygdalus nana
(Prunus tenella)
(— Padus) . . . . = Padus avium
(— Persica) . . . . . . = Persica vulgaris
(— Persica subsp. laevis) . = Persica vulgaris subsp.
laevis

— Persica var. nectarina . . . = Persica vulgaris subsp.
laevis

— Persica var. nucipersica . . = Persica vulgaris subsp.
laevis

— pumila z. T.[107]) . . . . . = Cerasus fruticosa
(Prunus fruticosa)
(— tenella) . . . . . . = Amygdalus nana
(— triloba) . . . . . . = Amygdalus triloba
Psedera vitacea . . . . . . = Parthenocissus quinquefolia

Pseudorchis Loeselii . . . . . = Liparis Loeselii
Psilathera ovata . . . . . . = Sesleria ovata
Puccinellia distans . . . = Atropis distans
— limosa . . . . = Atropis limosa
— peisonis . . . . . . = Atropis peisonis
Puccinellia salinaria z. T.[108])
Atropis salinaria z. T.[108])

Pulicaria vulgaris . . . = Pulicaria prostrata
Pulmonaria angustifolia = Pulmonaria azurea
— maculosa . . . . . . = (— officinalis subsp.
maculosa)[109])

---

[105]) *P. communis* Arcangeli, non Hudson.
[106]) *P. nana* Stokes, non Duroi.
[107]) *P. pumila* Lumnitzer, non Linné.
[108]) Die echte *P. salinaria* ist eine siebenbürgische Pflanze, die in Österreich nicht vorkommt.
[109]) In Österreich allgemein verbreitet.

Pulmonaria mollis . . . . = Pulmonaria montana subsp.
mollis
— montana z. T.[110])
— mollissima . . . . . =   — montana subsp. mollissima
— obscura . . . . . . = (— officinalis subsp.
obscura)[111])

Pulsatilla alba . . . . . . = Pulsatilla alpina subsp.
alpicola
(— micrantha)
— alpina . . . . = Anemone alpina
(— alpina s. str.) . . . . . = Pulsatilla alpina subsp.
myrrhidifolia
— alpina subsp. alpicola = (Pulsatilla micrantha)
Pulsatilla alba
Anemone alpina subsp. alpicola
Anemone alba

— alpina subsp.
myrrhidifolia . . . = (Pulsatilla alpina s. str.)
Anemone alpina subsp. myrrhidifolia
Anemone alpina subsp. eualpina

— alpina subsp.
sulphurea . . . . . = (Pulsatilla sulphurea)
Anemone alpina subsp. sulphurea
Anemone sulphurea
(— grandis) . . . . . . = Pulsatilla vulgaris subsp.
grandis
(— Halleri subsp.
stiriaca) . . . . . . = Pulsatilla stiriaca
(— micrantha) . . . . . = Pulsatilla alpina subsp.
alpicola
— montana . . . . . . = (Pulsatilla pratensis subsp.
montana)
Anemone montana
Anemone pratensis subsp. montana
— nigricans . . . . . = (Pulsatilla pratensis subsp.
nigricans)
Anemone nigricans
Anemone pratensis subsp. nigricans
(— oenipontana) . . . . = Pulsatilla vulgaris subsp.
oenipontana
— stiriaca . . . . . . = (Pulsatilla Halleri subsp.
stiriaca)
Anemone stiriaca
Anemone Halleri subsp. stiriaca
(— sulphurea) . . . . . = Pulsatilla alpina subsp.
sulphurea
— vernalis . . . . . . = Anemone vernalis
— vulgaris . . . . . . = Anemone Pulsatilla

---

[110]) Dieser Name soll sich ursprünglich auf die in Österreich nicht vorkommende *P. tuberosa* bezogen haben.

[111]) Wächst in Österreich nur im nördlichen und östlichen Niederösterreich.

(Pulsatilla vulgaris s. str.) = Pulsatilla vulgaris subsp.
germanica
— vulgaris subsp.
germanica . . . . = (Pulsatilla vulgaris s. str.)
Anemone Pulsatilla subsp. germanica
— — subsp. grandis . . . = (Pulsatilla grandis)
Anemone Pulsatilla subsp. grandis
Anemone grandis
— — subsp. oenipontana = (Pulsatilla oenipontana)
Pulsatilla vulgaris var. oenipontana
Anemone Pulsatilla subsp. oenipontana
Anemone oenipontana
Pycreus flavescens . . . . . . = Cyperus flavescens
Pyrethrum Clusii . . . . = Chrysanthemum corymbosum var. subcorym-
bosum
— corymbosum . . . . . . = Chrysanthemum corym-
bosum
Pyrola: . . . . siehe Pirola
Pyrus: . . . . siehe Pirus

Quercus borealis . . . . = Quercus rubra
Erythrobalanus rubra
— Cerris . . . . = Quercus austriaca
— petraea . . . . . . = — sessiliflora
— sessilis
— pubescens . . . . . = — lanuginosa z. T.[112])
— Robur . . . . = — pedunculata
Quinaria quinquefolia . . . . . = Parthenocissus quinquefolia

Ramischia secunda . . . . . . = Pirola secunda
Ranunculus alpestris
subsp. Traunfellneri . = Ranunculus Traunfellneri
— anemonoides . . . . . . = Callianthemum
anemonoides
(— aquatilis) . . . . . = Batrachium aquatile
— breyninus z. T.[113]) . . . . = Ranunculus oreophilus
— breyninus z. T.[113]) . . . . = — nemorosus
— calthaefolius . . . . . = Ficaria verna subsp. nudicaulis
(Ranunculus Ficaria subsp.
nudicaulis)
— carinthiacus . . . . . . = Ranunculus montanus
subsp. carinthiacus

---

[112]) *Quercus lanuginosa* Thuillier, non Lamarck.
[113]) Dieser Name ist der älteste für *Ranunculus oreophilus* (subsp. *Hornschuchii);* er wurde
aber später irrtümlich auch für *R. nemorosus* verwendet und ist daher nicht mehr
eindeutig.

(Ranunculus circinatus) = Batrachium circinatum
— confusus . . . . = Batrachium Petiveri
(Ranunculus Petiveri)
— divaricatus z. T. . . . . . = Batrachium circinatum
(Ranunculus circinatus)
— divaricatus z. T. . . . . . = Batrachium trichophyllum
(Ranunculus tricho-
phyllus)
(— falcatus) . . . . . . = Ceratocephalus falcatus
(— Ficaria) . . . . . . = Ficaria verna
— flaccidus . . . . = Batrachium trichophyllum
(Ranunculus tricho-
phyllus)
(— fluitans) . . . . . . = Batrachium fluitans
— glacialis . . . . . . = Oxygraphis gelida
Oxygraphis vulgaris
Oxygraphis glacialis z. T.[114]
— heterophyllus . . . . . = Batrachium aquatile
(Ranunculus aquatilis)
— Hornschuchii . . . . . = Ranunculus oreophilus[115]
— hybridus . . . . . . = — Phthora
— montanus subsp.
carinthiacus . . . . = — carinthiacus
— montanus var. tenuifolius
— montanus var. gracilis
— montanus var. carinthiacus
— montanus var. carinthiacus . = — montanus subsp.
carinthiacus
— montanus var. gracilis . . = — montanus subsp.
carinthiacus
— montanus var. tenuifolius . = — montanus subsp.
carinthiacus
— nemorosus . . . . . = — breyninus z. T.[116]
— oreophilus[115]) . . . = — breyninus z. T.[116]
— Hornschuchii
— paucistamineus . . . . . = Batrachium trichophyllum
(Ranunculus tricho-
phyllus)
— peltatus . . . . = Batrachium aquatile
(Ranunculus aquatilis)
(— Petiveri) . . . . . . = Batrachium Petiveri
— Philonotis . . . . = Ranunculus sardous

---

[114]) *O. glacialis* Dalla Torre, non Bunge; die echte *O. glacialis* Bunge ist eine davon weit verschiedene Pflanze der altaischen Gebirge.

[115]) Die in Österreich wachsende Pflanze dieses Namens gehört durchwegs zur subsp. *Hornschuchii.*

[116]) Dieser Name ist der älteste für *R. oreophilus* (subsp. *Hornschuchii);* er wurde aber später irrtümlich auch für *R. nemorosus* verwendet und ist daher nicht mehr eindeutig.

86

Ranunculus rutaefolius z. T. . . = Callianthemum coriandrifolium

— rutaefolius z. T. . . . . . = Callianthemum anemonoides

— sardous . . . . . . = Ranunculus Philonotis
(— testiculatus) . . . . = Ceratocephalus testiculatus

— Traunfellneri . . . . . = Ranunculus alpestris subsp. Traunfellneri

(— trichophyllus) . . . = Batrachium trichophyllum

Rhamnus fallax . . . . . = Rhamnus carniolica
— alpina subsp. fallax

— Frangula . . . . . . = (Frangula Alnus)
Rhaponticum lyratum . = Rhaponticum heleniifolium
Centaurea Rhapontica subsp. lyrata
Centaurea lyrata
Centaurea heleniifolia
Serratula heleniifolia
Serratula Rhaponticum z. T.[117])

Rhinanthus[118]) Alectoro-
lophus . . . . = Rhinanthus hirsutus
Alectorolophus hirsutus

— alpinus var. alpestris = Rhinanthus alpinus subsp. pulcher
— pulcher
Alectorolophus pulcher

— angustifolius . . . . . = Rhinanthus aristatus
— aristatus . . . . . . = Rhinanthus angustifolius
Alectorolophus angustifolius

— Crista-galli . . . . = Rhinanthus minor
— glaber . . . . = — serotinus s. l.
— hirsutus . . . . = — Alectorolophus
— major . . . . = — serotinus s. l.
— minor . . . . . . = Rhinanthus Crista-galli
Alectorolophus minor
Alectorolophus Crista-galli

— pulcher . . . . = Rhinanthus alpinus var. alpestris

— serotinus s. l. . . . . = Rhinanthus major
Rhinanthus glaber
Alectorolophus major

.Rhodiola Rosea . . . . = Sedum Rosea
Rhododendron Chamaecistus . . = Rhodothamnus Chamaecistus

---

[117]) Dieser Name umfaßt auch das westalpine *Rhaponticum scariosum = Centaurea Rhapontica* subsp. *scariosa*.

[118]) Hier wurden nur die Hauptarten berücksichtigt, nicht auch die zahlreichen Unterarten und Varietäten.

Rhododendron luteum . == Rhododendron flavum
Azalea pontica

Rhodothamnus Chamae-
cistus . . . . == Rhododendron Chamaecistus
Rhus Cotinus . . . . == Cotinus Coggygria
Ribes rubrum . . . . . . == Ribes vulgare
          — silvestre
          — rubrum subsp. vulgare

— Uva-crispa s. l. . . . == — Grossularia s. l.
— Uva-crispa subsp.
Grossularia . . . . == — Uva-crispa subsp. glanduloso-
          setosum
          — Grossularia s. str.

— Uva-crispa subsp.
pubescens[119]) . . . . == — Uva-crispa subsp. Uva-
          crispa[119])
          — Uva-crispa s. str.

— Uva-crispa subsp.
reclinatum . . . . . == — Uva-crispa subsp. glabrum
          — reclinatum

Rorippa Armoracia . . . . == Armoracia lapathifolia
— islandica . . . . . . == Rorippa palustris
— Nasturtium-aquaticum . . . == Nasturtium officinale
Rosa[120]) abietina . . . . . . == Rosa obtusifolia subsp.
          abietina

— Afzeliana . . . . == — coriifolia subsp.
          glauca

— Afzeliana subsp. coriifolia . == — — subsp. coriifolia
— — subsp. rhaetica . . . . == — — subsp. rhaetica
— — subsp. vosagiaca . . . . == — — subsp. glauca
— agrestis . . . . == — sepium
— alpina . . . . == — pendulina
— arvensis . . . . == — silvestris
— austriaca . . . . == — gallica
— canina subsp. dume-
torum . . . . == — dumetorum
— canina var.
glandulosa . . . . == — dumalis z. T.[121])
— cinnamomea . . . . . . == — majalis
— coriifolia . . . . . . == — Afzeliana
          — glauca z. T.[122])
          — dumalis z. T.[121])

— coriifolia subsp.
coriifolia . . . . . . == — Afzeliana subsp. coriifolia

---

[119]) Nach einer etwas anfechtbaren neuen Bestimmung wäre subsp. *Uva-crispa* die giltige
Bezeichnung. Vgl. die Fußnote zu *Achillea distans*.
[120]) Hier sind im allgemeinen nur die Hauptarten berücksichtigt.
[121]) Dieser Name bezog sich ursprünglich auf *R. coriifolia;* er wurde aber irriger Weise lange
Zeit fast ausschließlich für *Rosa canina* var. *glandulosa* verwendet; daher ist er nicht
eindeutig und wird am besten ganz fallengelassen.
[122]) *R. glauca* Vill., non Pourr.

R o s a   c o r i i f o l i a   subsp.
   g l a u c a   . . . . = R o s a   Afzeliana subsp. vosagiaca
                                                      — Afzeliana s. str.
                                                      — glauca z. T.[123])

— c o r i i f o l i a   subsp.
   r h a e t i c a   . . . . . . = — Afzeliana subsp. rhaetica
                                                      — rhaetica

— dumalis z. T.[121]   . . . . = — c o r i i f o l i a
— dumalis z. T.[121]   . . . . = — c a n i n a   var.   g l a n d u l o s a
— dumetorum   . . . . . . = — c a n i n a   subsp.   d u m e-
                                                      t o r u m

— eglanteria z. T. . . . . . = — r u b i g i n o s a
— eglanteria z. T. . . . . . = — f o e t i d a
— e l l i p t i c a   . . . . . = — graveolens
— ferruginea . . . . . . = — r u b r i f o l i a
— f o e t i d a   . . . . . . = — lutea
                                                      — eglanteria z. T.

— g a l l i c a   . . . . . . = — austriaca
— glauca z. T.[123]   . . . . = — c o r i i f o l i a   subsp.   g l a u c a
                                                        (= R. Afzeliana)

— glauca z. T.[124]   . . . . = — r u b r i f o l i a
— graveolens . . . . . . = — e l l i p t i c a
— J u n d z i l l i i   . . . . = -- trachyphylla
— lutea . . . . = — f o e t i d a
— m a j a l i s . . . . . . = — cinnamomea
— o b t u s i f o l i a   . . . . = — tomentella
                                                      — obtusifolia subsp. tomentella

— o b t u s i f o l i a   subsp.
   a b i e t i n a   . . . . . . = — abietina
— p e n d u l i n a   . . . . . = -- alpina
— p i m p i n e l l i f o l i a   . . = — spinosissima
— p o m i f e r a   . . . . . = — villosa z. T.
                                                      — villosa subsp. pomifera

— rhaetica . . . . = — c o r i i f o l i a   subsp.
                                                      r h a e t i c a

— r u b i g i n o s a   . . . . . = — eglanteria z. T.[125])
— r u b r i f o l i a   . . . . . = — ferruginea
                                                      — glauca z. T.[126])

— sepium . . . . = — a g r e s t i s
— silvestris . . . . . . = — a r v e n s i s
— spinosissima . . . . . = — p i m p i n e l l i f o l i a
— tomentella . . . . . = — o b t u s i f o l i a
— trachyphylla . . . . . = — J u n d z i l l i i
— villosa z. T. . . . . . = — p o m i f e r a
R u b u s[127]   c a n d i c a n s   . . . = Rubus thyrsoideus

---

[121]) Siehe Seite 88.
[123]) *R. glauca* V i l l., non P o u r r.
[124]) *R. glauca* P o u r r., non V i l l.
[125]) Älterer, aber verschieden gebrauchter und daher nicht genügend eindeutiger Name.
[126]) *R. glauca* P o u r r., non V i l l.
[127]) Hier sind nur einige wichtige Hauptarten berücksichtigt.

Rubus canescens . . . . = Rubus tomentosus
− hedycarpus . . . . . = − macrostemon
Rumex cristatus . . . . = Rumex graecus
− paluster . . . . . . = − limosus
− pseudonatronatus . = − fennicus
− sanguineus . . . . . = − nemorosus
− stenophyllus . . . . = − odontocarpus
− biformis

Sagina Linnaei . . . . . = Sagina saginoides[128])
− saxatilis

Salicornia europaea . . . = Salicornia herbacea
Salix acutifolia . . . . . = Salix caspica
− alba subsp. vitellina . = − vitellina
− alpina (Ost-Myrtenweide) = − Jacquinii
− Jacquiniana
− myrsinites subsp. Jacquiniana

− amygdalina . . . . . . = − triandra
− appendiculata . . . = − grandifolia
− arbuscula z. T. (Ost-
Bäumchenweide) . . . . = − prunifolia
− arbuscula z. T. (West-
Bäumchenweide) . . . . = − venulosa
arbutifolia . . . . . . = − dubia
− bicolor . . . . = − phylicifolia z. T.[129])
− breviserrata . . . . . = − dubia
− caspica . . . . = − acutifolia
− depressa z. T.[129]) . . . . = − Starkeana
− dubia (West-Myrtenweide) = − breviserrata
− arbutifolia
− myrsinites z. T.

− Elaeagnos . . . . . = − incana
− foetida . . . . = − venulosa
− glauca z. T.[129]) . . . . . = − glaucosericea
− glaucosericea . . . = − glauca z. T.[129])
− grandifolia . . . . . = − appendiculata
− incana . . . . = − Elaeagnos
− Jacquiniana . . . . . = − alpina
− Jacquinii . . . . . . = − alpina
− livida . . . . = − Starkeana
− myrsinifolia . . . . . = − nigricans
− myrsinites z. T. (Ost-Myrtenweide) . . . . = − alpina
− myrsinites z. T. (West-
Myrtenweide) . . . . . = − dubia
− nigricans . . . . . = − myrsinifolia
− phylicifolia z. T.[130]) . . . = − bicolor

---

[128]) Regelgemäßer, aber widersinniger Name.
[129]) Die echte Art dieses Namens kommt in Österreich nicht vor.
[130]) Die echte Art dieses Namens kommt in Österreich nicht vor.

90

Salix prunifolia (Ost-
Bäumchenweide) . . . . = Salix Waldsteiniana
      — arbuscula subsp. Waldsteiniana
— purpurea var. gracilis = — uralensis
— repens s. l. . . . . . . = — rosmarinifolia s. l.
— rosmarinifolia s. l. . . . = — repens s. l.
— retusa subsp. serpyllifolia . . = — serpyllifolia
— serpyllifolia . . . . = — retusa subsp. serpyllifolia
— Starkeana . . . . . = — livida
      — depressa z. T.[131]
— triandra . . . . . = — amygdalina
— uralensis . . . . . . = — purpurea var. gracilis
— venulosa (West-B.-Weide) = — foetida
      — arbuscula z. T.
— vitellina . . . . = — alba subsp. vitellina
— Waldsteiniana . . . . = — prunifolia
Salvia nemorosa . . . . = Salvia silvestris z. T.[132]
Sanguisorba minor . . . = Poterium Sanguisorba
— muricata . . . . . = Sanguisorba polygama
      — minor subsp. muricata
      Poterium muricatum
Saponaria pumila . . . = Saponaria nana
      — Pumilio
      Silene Pumilio
— Vaccaria . . . . = Vaccaria pyramidata
Sarothamnus scoparius . = Cytisus scoparius
      Sarothamnus vulgaris
      Spartium scoparium
Satureja Acinos . . . . . = Calamintha Acinos
— alpina . . . . = Calamintha alpina
— Brauneana . . . . . . = Calamintha subisodonta
— Calamintha . . . . = Calamintha officinalis
— Clinopodium . . . . = Calamintha Clinopodium
— nepetoides . . . . . = Calamintha nepetoides
— subisodonta . . . . . = Calamintha subisodonta
— vulgaris . . . . = Calamintha Clinopodium
Saxifraga aïzoides . . . . = Saxifraga autumnalis
— autumnalis . . . . . = — aïzoides
— Baumgartenii . . . . . = — Wulfeniana
— caespitosa subsp. decipiens . = — decipiens
— crustata . . . . = — incrustata
— decipiens . . . . . = — rosacea
      — groenlandica z. T.[133]
      — caespitosa subsp. decipiens
— elatior . . . . = — Hostii
— groenlandica z. T.[133] . . = — decipiens
— Hostii . . . . = — elatior

---

[131] Die echte Art dieses Namens kommt in Österreich nicht vor.
[132] Dieser Name bezeichnet in erster Linie den Bastard *S. nemorosa* × *pratensis.*
[133] Die echte *S. groenlandica* ist eine nordische Pflanze.

Saxifraga incrustata . . == Saxifraga crustata
— moschata . . . . . . == — muscoides z. T.[134])
— muscoides . . . . . == — tenera
— muscoides z. T.[134]) . . . . == — moschata
— paradoxa . . . . . == Zahlbrucknera paradoxa
— retusa . . . . == Saxifraga Wulfeniana
— rosacea . . . . . . == — decipiens
— tenera . . . . == — muscoides
— Wulfeniana . . . == — retusa
                         — Baumgartenii

Scabiosa agrestis . . . . . == Scabiosa Columbaria subsp.
              gramuntia
— arvensis . . . . == Knautia arvensis
— canescens . . . . . == Scabiosa suaveolens
— Columbaria subsp. gra-
  muntia . . . . . . == (Scabiosa gramuntia)
                  Scabiosa agrestis
— dipsacifolia . . . . . . == Knautia silvatica
(— gramuntia) . . . . == Scabiosa Columbaria subsp.
              gramuntia
— inflexa . . . . == Succisella inflexa
— Kitaibelii . . . . == Knautia arvensis subsp.
              Kitaibelii
— longifolia . . . . . . == Knautia longifolia
— silvatica . . . . == Knautia silvatica
— Succisa . . . . . . == Succisa pratensis
— suaveolens . . . . . . == Scabiosa canescens
Schedonorus Benekeni . . . . . == Bromus ramosus subsp.
              Benekeni
— erectus . . . . == — erectus
— inermus . . . . == — inermis
— serotinus . . . . . . == — ramosus subsp. ramosus
Schenodorus (verschleppter Druck-
fehler): . . . . siehe Schedonorus
Schoenoplectus[135]) ameri-
canus . . . . == Schoenoplectus pungens
              Scirpus americanus
              Scirpus pungens
— carinatus . . . . . == Scirpus carinatus
— fluitans . . . . . . == Isolepis fluitans
— lacustris . . . . . . == Scirpus lacustris
— mucronatus . . . . == Scirpus mucronatus
— pungens . . . . . . == Schoenoplectus america-
              nus
— setaceus . . . . . . == Isolepis setacea
— supinus . . . . . . == Isolepis supina
— Tabernaemontani . == Scirpus Tabernaemontani

---

[134]) *S. muscoides* Wulf., non All.
[135]) Über das Synonym *Heleophylax* siehe dort (S. 58).

Schoenoplectus trique-
    trus . . . . = Scirpus triquetrus
Scirpus acicularis . . . . . = Heleocharis acicularis⁄
— americanus . . . . . . = Schoenoplectus america-
    nus
— austriacus . . . . . . = Trichophorum austria-
    cum
— caespitosus subsp. austriacus = Trichophorum austria-
    cum
— caricinus . . . . = Blysmus compressus
— carinatus . . . . . . = Schoenoplectus carinatus
— compressus . . . . . . = Blysmus compressus
— distichus . . . . . . = Blysmus compressus
— fluitans . . . . = Isolepis fluitans
— glaucescens . . . . . . = Heleocharis palustris
    subsp. glaucescens
— Holoschoenus . . . . . = Holoschoenus vulgaris
— Hudsonianus . . . . . = Trichophorum alpinum
— lacustris . . . . . . = Schoenoplectus lacustris
— maritimus . . . . . . = Bolboschoenus maritimus
— Michelianus . . . . . . = Cyperus Michelianus
— mucronatus . . . . . . = Schoenoplectus mucrona-
    tus
— ovatus . . . . = Heleocharis ovata
— palustris . . . . . . = Heleocharis palustris
— parvulus . . . . . . = Heleocharis parvula
— pauciflorus . . . . . . = Heleocharis quinqueflora
— pungens . . . . . . = Schoenoplectus america-
    nus
— quinqueflorus . . . . . = Heleocharis quinque-
    flora
— radicans . . . . . ist ein echter Scirpus
— setaceus . . . . . . = Isolepis setacea
— silvaticus . . . . ist ein echter Scirpus
— supinus . . . . . . = Isolepis supina
— Tabernaemontani . . . . = Schoenoplectus Tabernae-
    montani
— Trichophorum . . . . . = Trichophorum alpinum
— triquetrus . . . . . . = Schoenoplectus tri-
    quetrus
— uniglumis . . . . . . = Heleocharis uniglumis
Scorzonera Jacquiniana . . . . = Arachnospermum canum
— laciniata . . . . . . = Arachnospermum lacinia-
    tum
Scrophularia umbrosa
    s. str. . . . . = Scrophularia alata
    — aquatica z. T.[136])

---

[136]) Dieser Name umfaßte auch die viel seltenere subsp. *Neesii.*

Scrophularia umbrosa
subsp. Neesii . . . . . = Scrophularia alata subsp. Neesii
— Neesii

Sedum maximum . . . . = Sedum Telephium subsp.
maximum

— purpureum . . . . = — — subsp. purpureum
— purpurascens

— Rosea . . . . = — roseum
Rhodiola Rosea

— sexangulare . . . . = Sedum boloniense

Sempervivum acuminatum . = Sempervivum Schottii
— alpinum . . . . . . = — tectorum subsp. alpinum
— arachnoideum var.
glabrescens . . . . = — Doellianum
— arenarium var. Hille-
brandtii . . . . . . = — Hillebrandtii
— Braunii[137] . . . . . = — stiriacum
— Doellianum . . . . . . = — arachnoideum var.
glabrescens
— glaucum z. T.[138] . . . . = — Schottii
— Hillebrandtii . . . . . = — arenarium var. Hillebrandtii

— hirtum var. Neil-
reichii . . . . . . = — Neilreichii
— montanum subsp. stiriacum = — stiriacum
— Neilreichii . . . . . . = — hirtum var. Neilreichii
— Schottii . . . . . . = — tectorum subsp. Schottii
— acuminatum
— glaucum z. T.[138]
— stiriacum . . . . . = — Braunii[139]
— montanum subsp. stiriacum
— tectorum subsp. alpinum . = alpinum
— tectorum subsp. Schottii . . = — Schottii

Senecio abrotanifolius
subsp. tiroliensis . . = Senecio tiroliensis
— alpester . . . . = — ovirensis
— alpinus . . . . . . = — cordatus
— aurantiacus . . . . = — integrifolius subsp. capitatus
var. aurantiacus
— integrifolius subsp. aurantiacus
Cineraria aurantiaca
— barbareaefolius . . . . . = Senecio erraticus subsp.
barbareaefolius

---

[137]) Regelgemäßer (prioritätsberechtigter) Name, jedoch auf eine Bildungsabweichung (weiß-
blütige Form) begründet.

[138]) Das echte S. glaucum ist eine italienische Pflanze.

[139]) Regelgemäßer (prioritätsberechtigter) Name, jedoch auf eine Bildungsabweichung (weiß-
blütige Form) begründet.

Senecio brachychaetus z. T.[140]) Senecio Gaudini
 — brachychaetus var. Gaudini . = — Gaudini
 — campester . . . . . . = — integrifolius
 — capitatus . . . . . = — fuscatus
 — aurantiacus var. capitatus
 — integrifolius subsp. capitatus
 var. tomentosus
 Cineraria capitata
 — carniolicus . . . . = Senecio incanus subsp.
 carniolicus
 — cordatus . . . . = — alpinus
 — crispatus . . . . = — rivularis
 — Doria subsp. umbrosus . . = — umbrosus
 — erraticus subsp. bar-
 bareaefolius . . . . = — barbareaefolius
 — fluviatilis . . . . . = — sarracenicus z. T.
(— Fuchsii) . . . . . . = — nemorensis subsp.
 Fuchsii
 — fuscatus . . . . = — capitatus
 — Gaudini . . . . . . = — ovirensis subsp. Gaudini
 — Helenitis subsp. Gaudini
 — Helenitis z. T.[141])
 — brachychaetus var. Gaudini
 — brachychaetus z. T.[142])
 — Helenitis . . . . . = — spathulifolius
 — pratensis z. T.[143])
 Cineraria spathulifolia
 Cineraria pratensis z. T.[144])
 — Helenitis s. str. . . . . . = Senecio Helenitis[1] subsp.
 arvernensis
 — Helenitis z. T.[145]) . . . . = — Gaudini
 — Helenitis subsp. arver-
 nensis . . . . = — Helenitis s. str.
 — — subsp. Gaudini . . . = — Gaudini
 — — subsp. salisburgen-
 sis . . . . = — spathulifolius var. pratensis
 — pratensis z. T.[146])
 — incanus subsp. carniolicus . = — carniolicus
 — integrifolius . . . = — campestris
 — integrifolius subsp. campester
 Cineraria campestris

---

[140]) Im Sinne von Hegi, Illustrierte Flora von Mittel-Europa. Der echte *S. brachychaetus* ist eine Pflanze der Apenninen.
[141]) Im Sinne von Fritsch, Exkursionsflora von Österreich.
[142]) Im Sinne von Hegi, Illustrierte Flora von Mittel-Europa. Der echte *S. brachychaetus* ist eine Pflanze der Apenninen.
[143]) Dieser Name wurde auch für *S. integrifolius* verwendet und gehört nach nomenklatorischen Regeln in erster Linie zu diesem.
[144]) Die echte *Cineraria pratensis* (Jacq.) Hoppe ist *S. integrifolius.*
[145]) Im Sinne von Fritsch, Exkursionsflora von Österreich.
[146]) Vgl. Fußnote 143 auf dieser Seite und Fußnote 147 auf Seite 96.

7*

S e n e c i o integrifolius subsp.
aurantiacus . . . . . . = S e n e c i o a u r a n t i a c u s
— integrifolius subsp. capitatus
var. aurantiacus . . . . = — a u r a n t i a c u s
— integrifolius subsp. capitatus
var. tomentosus . . . . . = — c a p i t a t u s
— Jacquinianus . . . . . = — S e n e c i o n e m o r e n s i s
subsp. J a c q u i n i a n u s
— nebrodensis z. T. . . . . = — r u p e s t r i s
(— n e m o r e n s i s s. str.) . . = — n e m o r e n s i s su bsp.
J a c q u i n i a n u s
— n e m o r e n s i s subsp.
F u c h s i i . . . . = (— F u c h s i i)
— sarracenicus z. T.

— — subsp. J a c q u i n i a-
n u s . . . . = (— n e m o r e n s i s s. str.)
— Jacquinianus
— o v i r e n s i s . . . . . = — alpester
— ovirensis subsp. euovirensis
Cineraria ovirensis
Cineraria alpestris
— ovirensis subsp. euovirensis . = S e n e c i o o v i r e n s i s
— — subsp. Gaudini . . . = — G a u d i n i
— pratensis z. T.[147] . . . . = — H e l e n i t i s
— pratensis z. T.[147] . . . . = — i n t e g r i f o l i u s
— r i v u l a r i s . . . . . . = — crispatus
Cineraria crispa
Cineraria rivularis
— r u p e s t r i s . . . . . = S e n e c i o nebrodensis z. T.[148]
— sarracenicus z. T. . . . . = — f l u v i a t i l i s
— sarracenicus z. T. . . . . = — n e m o r e n s i s subsp.
F u c h s i i
— spathulifolius . . . . . = — H e l e n i t i s
— spathulifolius var. pratensis = — H e l e n i t i s subsp.
s a l i s b u r g e n s i s
— tiroliensis . . . . = — a b r o t a n i f o l i u s
subsp. t i r o l i e n s i s
— u m b r o s u s . . . . . = — Doria subsp. umbrosus
Serrafalcus arvensis . . . . = B r o m u s a r v e n s i s
— commutatus . . . . . . = B r o m u s c o m m u t a t u s
— mollis . . . . = B r o m u s m o l l i s
— patulus . . . . = B r o m u s j a p o n i c u s
— racemosus . . . . . . = B r o m u s r a c e m o s u s
— secalinus . . . . = B r o m u s s e c a l i n u s
— squarrosus . . . . = B r o m u s s q u a r r o s u s

---

[147] Dieser Name wurde vorwiegend für *S. Helenitis* und besonders für dessen subsp. *salisburgensis* verwendet; nach seiner ursprünglichen Bedeutung (= *Cineraria pratensis*) gehört er aber eigentlich zu *S. integrifolius*.
[148] *S. nebrodensis* D e C a n d o l l e, non L i n n é.

96

Serratula heleniifolia . . . = Rhaponticum lyratum
— lycopifolia . . . . . = Serratula heterophylla
— macrocephala . . . = — Vulpii
— Rhaponticum z. T. . . . = Rhaponticum lyratum
Seseli annuum . . . . . = Seseli coloratum
— Libanotis . . . . . . = Libanotis montana
— osseum subsp. austria-
cum . . . . = (Seseli austriacum)
Seselinia austriaca
Seseli glaucum z. T.[149])

— osseum subsp. dévé-
nyense . . . . = (— dévényense)
— Beckii
— glaucum z. T.[149])

Sesleria calcaria . . . . . = Sesleria varia
— coerulea subsp. calcaria . . = — varia
— — subsp. uliginosa . . . = — uliginosa
— — subsp. varia . . . . . = — varia
— disticha . . . . . . = Oreochloa disticha
— leucocephala . . . . . = Sesleria sphaerocephala
subsp. leucocephala

— ovata . . . . = Psilathera ovata
— sphaerocephala . . = Sesleriella sphaerocephala
— sphaerocephala subsp.
leucocephala . . . = Sesleria· leucocephala
Sesleriella leucocephala
— uliginosa . . . . . = Sesleria coerulea subsp. uliginosa
— varia . . . . = — calcaria
— coerulea subsp. varia
— coerulea subsp. calcaria

Sesleriella leucocephala . . . . = Sesleria sphaerocephala
subsp. leucocephala
— sphaerocephala . . . . . = Sesleria sphaerocephala
Setaria ambigua . . . . . = Setaria decipiens
— decipiens . . . , . . . = — ambigua
— verticillata subsp. ambigua
Panicum ambiguum

— glauca . . . . = Setaria lutescens
Panicum glaucum

— italica . . . . = Panicum italicum
— lutescens . . . . = Setaria glauca
— verticillata . . . . = Panicum verticillatum
— verticillata subsp. ambigua . = Setaria decipiens
— viridis . . . . = Panicum viride
Sieglingia decumbens . = Triodia decumbens
(Sieversia montana) . . . = Geum montanum
(Sieversia reptans) . . . = Geum reptans

---

[149]) **Das** echte *S. glaucum* ist eine südwesteuropäische Pflanze, die in Österreich nicht vorkommt.

Silaum selinoides . . . . = Silaum Silaus
          Silaus selinoides
           — flavescens
           — pratensis

(Silene alpestris) . . . . = Heliosperma alpestre
— alpina . . . . = Silene Willdenowii
— Antelopum . . . . . . = — Cucubalus subsp.
            bosniaca
— bosniaca . . . . = — Cucubalus subsp.
            bosniaca
— Cucubalus . . . . . . = — inflata
            — venosa
            — vulgaris
— Cucubalus subsp.
bosniaca . . . . . . = — inflata subsp. bosniaca
            — vulgaris subsp. Antelopum
            — Antelopum
            — bosniaca
— Cucubalus subsp. prostrata . = — Willdenowii
— fruticulosa z. T.[150]) . . . . = — Hayekiana
— glutinosa . . . . = Heliosperma Veselskyi
          (Silene Veselskyi)
— Hayekiana . . . . . = Silene fruticulosa z. T.[150])
— inflata . . . . = — Cucubalus
— inflata subsp. bosniaca . . . = — Cucubalus subsp.
            bosniaca
— italica subsp. nemoralis . . = — nemoralis
— nemoralis . . . . . . = — italica subsp. nemoralis
— noctiflora . . . . = Melandryum noctiflorum
— Pumilio . . . . = Saponaria pumila
(— quadridentata) . . . = Heliosperma quadriden-
          tatum
— quadrifida . . . . . . = Heliosperma quadriden-
          tatum
          (Silene quadridentata)
— venosa . . . . = Silene Cucubalus
(— Veselskyi) . . . . . = Heliosperma Veselskyi
— viscosa . . . . = Melandryum viscosum
— vulgaris . . . . = Silene Cucubalus
— vulgaris subsp. Antelopum . = — Cucubalus subsp.
            bosniaca
— Willdenowii . . . . = Silene alpina
           — Cucubalus subsp. prostrata

Siler montanum . . . . . . = Laserpitium Siler
— trilobum . . . . = Laser trilobum
Sinapis juncea . . . . = Brassica juncea
— nigra . . . . = Brassica nigra
Sisymbrium Alliaria . . . . . = Alliaria officinalis

---

[150]) Die echte *S. fruticulosa* wächst in Griechenland und auf Mittelmeerinseln.

Sisymbrium altissimum . == Sisymbrium Sinapistrum
                                       — pannonicum
— orientale . . . . . == — Columnae
— Sophia . . . . == Descurainia Sophia
— Thalianum . . . . . . == Arabidopsis Thaliana
Sisyrinchium angusti-
folium . . . . == Sisyrinchium anceps
Sium angustifolium . . . . . . == Berula erecta
                                       (Sium erectum)
(Sium erectum) . . . . . == Berula erecta
Soja hispida . . . . == Glycina Soja
Soja Max . . . . == Glycina Soja
Solanum alatum . . . . . . == Solanum luteum subsp.
                                       alatum
— humile . . . . == — nigrum subsp. humile
— luteum . . . . == — villosum
— luteum subsp. alatum == — nigrum subsp. alatum
                                       — nigrum subsp. miniatum
                                       — alatum
                                       — miniatum
— luteum subsp. villosum == — nigrum subsp. villosum
                                       — luteum s. str.
                                       — villosum s. str.
— miniatum . . . . == — luteum subsp. alatum
— nigrum subsp. alatum . . . == — luteum subsp. alatum
— nigrum subsp. humile . == — humile
— nigrum subsp. miniatum . . == — luteum subsp. alatum
— nigrum subsp. villosum . . == — luteum subsp. villosum
— villosum s. l. . . . . . . == — luteum s. l.
— villosum s. str. . . . . . == — luteum subsp. villosum
Soldanella hungarica var.
major[151]) . . . . == Soldanella montana subsp.
                                       hungarica z. T.[151])

Solidago gigantea subsp.
leiophylla . . . . . . == Solidago serotina
— graminifolia . . . . == — lanceolata
— Virgaurea subsp.
alpestris . . . . . . == — alpestris
Sonchus oleraceus . . . == Sonchus laevis
Sorbaria sorbifolia . . . == Spiraea sorbifolia
Sorbus Aria . . . . == Aria nivea
— Chamaemespilus . . == Aria Chamaemespilus
                                       Hahnia Chamaemespilus
                                       Chamaemespilus humilis
— domestica . . . . . == Cormus domestica
— Mougeoti subsp.
austriaca . . . . . == (Sorbus austriaca)
                                       Aria Mougeoti z. T.

---

[151]) Die typische (echte) *S. hungarica* wächst in den Karpathen und östlichen Balkangebirgen.

Sorbus Mougeoti subsp.
austriaca . . . . . . = Hahnia Mougeoti
— torminalis . . . . . . = Torminaria torminalis
Hahnia torminalis
Sorghum . . . . siehe S o r g u m
Sorgum bicolor . . . . . = Sorgum vulgare
Andropogon Sorgum

— cernuum . . . . . . = Andropogon cernuus
— Dochna . . . . . . = Sorgum saccharatum
Andropogon saccharatus

— halepense . . . . . = Andropogon halepensis
Soyeria hyoseridifolia . . . . = Crepis terglouensis
— montana . . . . . . = Crepis pontana
Sparganium angusti-
folium . . . . = Sparganium affine
— longissimum . . . . = (— simplex subsp. longissi-
m u m)

— neglectum . . . . . = — ramosum subsp. neglectum
— ramosum . . . . . . = — ramosum subsp. polyedrum
erectum z. T.

— simplex . . . . . . = — erectum z. T.
Spartium scoparium . . . . . = Sarothamnus scoparius
Specularia speculum-Veneris . . . Legousia speculum-
Veneris

Spergula arvensis subsp.
linicola . . . . . = Spergula linicola
— sativa subsp. linicola

— — subsp. maxima . . . = — maxima
— — subsp. sativa . . . . = — sativa subsp. sativa
— arvensis subsp. leiosperma
— sativa s. str.

— vernalis . . . . . . = — Morisonii
Spergularia marginata . = Spergularia media
Lepigonum marginatum
— rubra . . . . = Spergularia campestris
Lepigonum rubrum
— salina . . . . = Spergularia marina
Lepigonum marinum
Spiraea Aruncus . . . . . . = Aruncus vulgaris
— Filipendula . . . . . = Filipendula vulgaris
— media . . . . = Spiraea oblongifolia
— opulifolia . . . . . . = Physocarpus opulifolius
— sorbifolia . . . . . . = Sorbaria sorbifolia
— Ulmaria . . . . . . = Filipendula Ulmaria
Spiranthes spiralis . . . = Spiranthes autumnalis
Spirodela polyrrhiza . . = Lemna polyrrhiza
Stachys Alopecuros subsp. Jacquini = Betonica divulsa
— danica . . . . = Betonica hirsuta
— densiflora . . . . = Betonica hirsuta
— hirsuta . . . . = Betonica hirsuta

Stachys Jacquini . . . . = Betonica divulsa
— officinalis . . . . = Betonica officinalis
Statice alpina . . . . = Armeria alpina
— Armeria . . . . = Armeria elongata
— elongata . . . . = Armeria elongata
— montana . . . . = Armeria alpina
Stellaria Alsine . . . . . = Stellaria uliginosa
— apetala . . . . = — media subsp. apetala
(— aquatica) . . . . . . = Malachium aquaticum
— Cerastium . . . . = Stellaria media subsp. major
— Cerastoides . . . . . . = Cerastium lapponicum
— Friesiana . . . . = Stellaria longifolia
— glauca . . . . = — palustris
— longifolia . . . . = — Friesiana
— media subsp. apetala . = — media subsp. pallida
— apetala
— pallida
— media subsp. major . . = — media subsp. neglecta
— Cerastium
— neglecta
— media subsp. neglecta . . . = — media subsp. major
— media subsp. pallida . . . = — media subsp. apetala
— neglecta . . . . . . = — media subsp. major
— pallida . . . . = — media subsp. apetala
— palustris . . . . . . = — glauca
— uliginosa . . . . . . = — Alsine
— viscida . . . . = Cerastium dubium
Stenactis annua . . . . . . = Erigeron annuus
— annua subsp. strigosa . . . = Erigeron strigosus
— bellidiflora . . . . . = Erigeron annuus
— ramosa . . . . = Erigeron strigosus
Stenophragma Thalianum . . = Arabidopsis Thaliana
Stipa Calamagrostis . . . . = Achnatherum Calamagrostis
Lasiagrostis Calamagrostis[152])
— dasyphylla . . . . . = Stipa pennata subsp. puberula
— eriocaulis . . . . . = — gallica
— pulcherrima subsp. gallica
— pulcherrima subsp.
mediterranea
— gallica . . . . = — eriocaulis
— Grafiana . . . . . . = — pulcherrima
— Joannis . . . . . . = — pennata s. str.[153])
— mediterranea . . . . . = — pulcherrima
— pennata s. l. . . . . . = Sammelname für die Kleinarten:
dasyphylla, eriocaulis (= gallica),
Joannis, pulcherrima, stenophylla
u. a.

---

[152]) Der Gattungsname *Lasiagrostis* müßte, um regelgemäß giltig zu sein, auf der Ausnahmsliste der Gattungen gegen den älteren Gattungsnamen *Achnatherum* geschützt werden.
[153]) Siehe Seite 102.

Stipa pennata s. str.[153]) . . . . . == Stipa Joannis
 — pennata subsp. puberula . . == — dasyphylla
 — pulcherrima s. str. . . == — Grafiana
 — pulcherrima subsp. Grafiana
 — pulcherrima subsp.
 pulcherrima
 — — subsp. gallica . . . . == — eriocaulis
 — — subsp. Grafiana . . . == — pulcherrima
 — — subsp. mediterranea . . == — eriocaulis
 — — subsp. pulcherrima . . == — pulcherrima
 — stenophylla . . . . == —· Tirsa z. T.[154])
 — Tirsa z. T.[154]) . . . . . == — stenophylla
Stupa: . . . . siehe Stipa
Sturmia Loeselli . . . . == Liparis Loeselii
Suaeda maritima subsp.
 prostrata[155]) . . . . == Suaeda prostrata
 — salinaria
 — — subsp. salsa . . . . == Suaeda salsa
(Succisa inflexa) . . . . == Succisella inflexa
Succisa pratensis . . . . == Succisa praemorsa
 Scabiosa Succisa
Succisella inflexa . . . . == (Succisa inflexa)
 Succisa australis
 Scabiosa inflexa
Swertia carinthiaca . . . . . . == Lomatogonium carinthia-
 cum
Symphoricarpus albus . == Symphoricarpus rivularis
 — racemosus
Symphytum tuberosum
 subsp. nodosum . . . . == Symphytum nodosum
 — foliosum
 — Leonhardtianum
 — uplandicum . . . . == Symphytum peregrinum
 (= S. asperum × officinale)
Tanacetum Balsamita . . . . == Chrysanthemum
 Balsamita
 — vulgare . . . . . . == Chrysanthemum vulgare
Taraxacum alpestre . . == Taraxacum fontanum
 — alpinum . . . . . . == Taraxacum palustre subsp.
 Hegetschweileri
 — aquilonare . . . . . == — Hoppeanum z. T.[156])
 — bessarabicum . . . == -- leptocephalum

---

¹⁵³) Der Name *St. pennata* wurde von vielen neueren Autoren im Sinne von *St. Joannis* eingeschränkt. Linné verstand jedoch darunter vielleicht in erster Linie die *St. eriocaulis* (= *gallica*). Jedenfalls ist der Name *St. pennata* nicht eindeutig und daher nur als Sammelname verwendbar.

¹⁵⁴) Die echte *Stipa Tirsa* ist eine südrussische Steppenpflanze; sie wird aber weiterhin in mehrere Kleinarten zerlegt, nämlich in *St. ucranica, St. pontica* und *St. lithophila*.

¹⁵⁵) Die typische *S. maritima* ist eine Meeresstrandpflanze, die in Österreich nicht vorkommt.

¹⁵⁶) Das echte *T· Hoppeanum* wächst auf den Gebirgen der Balkanländer und des Banates.

Taraxacum corniculatum . . = Taraxacum laevigatum
  — fontanum . . . . = — alpestre
  — Hoppeanum z. T.[156]) . . = — aquilonare
  — laevigatum . . . . . = — corniculatum
  — leptocephalum . . . . . = — bessarabicum
  — officinale . . . . . = — vulgare
Leontodon Taraxacum
  — paludosum . . . . . . = Taraxacum palustre
  — palustre . . . . . . = — paludosum
  — palustre subsp.
  Hegetschweileri . . . . = — alpinum
  — vulgare . . . . = — officinale
Telekia speciosa . . . . = (Buphthalmum speciosum)
Tetragonia expansa . . = Tetragonia tetragonoides[157])
Tetragonolobus
  purpureus . . . . . = (Lotus Tetragonolobus)
  — siliquosus . . . . . = (Tetragonolobus maritimus subsp. siliquosus)
  (Lotus siliquosus)

Thalictrum flexuosum . = Thalictrum collinum
  — elatum
  — Jacquinianum
  — lucidum . . . . . . = — angustifolium z. T.[158])
  — Morisonii . . . . . = — exaltatum
Thesium bavarum . . . = Thesium montanum
  — Dollineri . . . . . . = — humile
  — grandiflorum . . . = — refractum
  — Linophyllon . . . . = — intermedium
  — pyrenaicum . . . . . = — pratense
Thlaspi alpestre . . . . = Thlaspi silvestre
  — alpestre subsp. silvestre
  — brachypetalum subsp.
  Salisii . . . . = (Thlaspi Salisii)
  — alpestre subsp. Salisii
Thrincia hirta . . . . . . = Leontodon Leysseri
Thymelaea Passerina . . = Passerina annua
Thymus alpestris . . . . = Thymus Trachselianus z. T.[159])
  — alpigenus . . . . . . = — Trachselianus z. T.[159])
  — angustifolius . . . . . = — Serpyllum s. str.
  — austriacus . . . . . = — lanuginosus z. T.
  — badensis . . . . = — praecox var. badensis
  — caespitosus . . . . . . = — humifusus
  — carniolicus . . . . . . = — Froelichianus
  — Chamaedrys . . . . . = — pulegioides
  — collinus . . . . = — Marschallianus
  — Froelichianus . . . = — carniolicus
  — glabrescens . . . . . = — Loevyanus

[156]) Siehe Seite 102.
[157]) Regelgemäßer, aber widersinniger Name.
[158]) Dieser Name bezieht sich auch auf *Th. simplex.*
[159]) Dieser Name ist wegen seiner Mehrdeutigkeit unverwendbar.

Thymus humifusus . . . = Thymus caespitosus
— lanuginosus z. T.. . . . . . = — pannonicus
— lanuginosus z. T.. . . . . . = — austriacus
— Loevyanus . . . . . . = — glabrescens
— Marschallianus . . . = — collinus
— ovatus . . . . = — pulegioides
— pannonicus . . . . . = — lanuginosus z. T.
— polytrichus . . . . . = — Trachselianus z. T.[160])
— praecox var. badensis = — badensis
— pulegioides . . . . = — ovatus
                       — Chamaedrys

— Serpyllum s. l.: . . . Sammelname für alle hier genannten Kleinarten und für noch mehrere andere[161])

— Serpyllum s. str. . . . = Thymus angustifolius
— Trachselianus z. T.[162]) . . = — alpestris
— Trachselianus z. T.[162]) . . = — alpigenus
— Trachselianus z. T.[162]) . . = — polytrichus
— Trachselianus var. vallicola . = — vallicola
— vallicola . . . . . . = — Trachselianus var. vallicola
Thysselinum palustre . . . . . = Peucedanum palustre
Tilia cordata . . . . . . = Tilia ulmifolia
                       — parvifolia
— platyphyllos . . . . = — grandifolia
— tomentosa . . . . . = — argentea
Tillaea aquatica . . . . = Bulliarda aquatica
                       Crassula aquatica

Tiniaria[163]) baldschua-
nica . . . . = (Polygonum baldschuanicum)
                       Fagopyrum baldschuanicum
— Convolvulus . . . . = (Polygonum Convolvulus)
                       Fagopyrum Convolvulus
— dumetorum . . . . . = (Polygonum dumetorum)
                       Fagopyrum dumetorum
— japonica . . . . . . = (Polygonum cuspidatum[164])
                       Polygonum Sieboldii
                       Pleuropterus cuspidatus
— sachalinensis . . . . = (Polygonum sachalinense)
                       Pleuropterus sachalinensis
Tofieldia pusilla . . . . = Tofieldia palustris
                       — borealis

---

[160]) Dieser Name ist wegen seiner Mehrdeutigkeit unverwendbar.

[161]) Die als Heil- und Gewürzpflanze am meisten verwendete Kleinart ist *Th. pulegioides* (= *Th. ovatus*). An die breit-elliptische Blattgestalt dieser Art denkt man auch in erster Linie bei dem häufig vorkommenden Art-Epitheton (Art-Nachnamen) *serpyllifolius*. Dagegen ist der *Th. Serpyllum* im engeren Sinn der neueren Autoren (= *Th. angusti-folius*) als Heil- und Gewürzpflanze minderwertig und besitzt keine *serpyllifolius*-Blätter.

[162]) Dieser Name ist wegen seiner Mehrdeutigkeit unverwendbar.

[163]) Der Gattungsname *Tiniaria* muß gegenüber älteren hierher gehöigen Gattungsnamen auf der Ausnahmsliste geschützt werden.

[164]) Nicht *Polygonum japonicum!*

Tommasinia verticillaris . . . . = Peucedanum verticillare
Torilis arvensis . . . . = Torilis infesta
  — japonica . . . . . . = — Anthriscus
Torminaria torminalis . . . . . = Sorbus torminalis
Tragopogon dubius . . . = Tragopogon major
  — pratensis subsp. eupra-
    tensis . . . . = — pratensis
  — pratensis subsp. orien-
    talis . . . . = — orientalis
  — pratensis subsp. orien-
    talis var. grandiflorus = — grandiflorus
Traunsteinera globosa . = Orchis globosa
Trichophorum alpinum . = Scirpus Hudsonianus
    Scirpus Trichophorum
    Eriophorum alpinum

  — austriacum . . . . . = Trichophorum caespitosum subsp.
    austriacum
    Scirpus caespitosus subsp. austriacus
    Scirpus austriacus

Trifolium agrarium z. T. . . . = Trifolium aureum
  — agrarium z. T. . . . . . = — campestre
  — aureum . . . . = — strepens
    — agrarium z. T.
  — campestre . . . . . = — procumbens
    — agrarium z. T.
  — dubium . . . . = — minus
    — filiforme z. T.[165])
  — expansum . . . . = — pratense subsp. expan-
    sum
  — filiforme z. T.[165]) . . . . . = — dubium
  — flexuosum . . . . = — medium
  — medium . . . . = — flexuosum
  — minus . . . . = — dubium
  — nivale . . . . = — pratense subsp. nivale
  — parviflorum . . . . = — strictum
  — pratense subsp. expan-
    sum . . . . = — expansum
  — pratense subsp. nivale = — nivale
  — procumbens . . . . . = — campestre
  — strepens . . . . = — aureum
  — strictum . . . . . . = — parviflorum
Trigonella coerulea . . = Melilotus coeruleus
Trimorpha acris . . . . = Erigeron acer
  — alba . . . . Erigeron Gaudini
  — alpina . . . . = Erigeron alpinus
  — angulosa . . . . = Erigeron acer subsp. angu-
    losus
  — attica . . . . = Erigeron atticus

---

[165]) Dieser Name umfaßt auch *T. micranthum.*

Trimorpha neglecta . . . . . . = **E r i g e r o n   n e g l e c t u s**
T r i n i a   g l a u c a . . . . . . = Trinia vulgaris
Triodia decumbens . . . . . . = **S i e g l i n g i a   d e c u m b e n s**
T r i s e t u m   a l p e s t r e . . . . = Avena alpestris
— **a r g e n t e u m** . . . . . = Avena argentea
— **d i s t i c h o p h y l l u m** . . = Avena distichophylla
— **f l a v e s c e n s** . . . . . = Avena flavescens
— **s p i c a t u m** . . . . . . = Trisetum subspicatum
Avena subspicata

T r i t i c u m   b i f l o r u m . . . = **A g r o p y r o n   c a n i n u m** var.
b i f l o r u m
— caninum . . . . = **A g r o p y r o n   c a n i n u m**
— cristatum . . . . = **A g r o p y r o n   c r i s t a t u m**
— cylindricum . . . . . . = **A e g i l o p s   c y l i n d r i c a**
— glaucum · . . . . = **A g r o p y r o n   i n t e r m e d i u m**
— intermedium . . . . . . = **A g r o p y r o n   i n t e r m e d i u m**
— repens . . . . = **A g r o p y r o n   r e p e n s**
— trichophorum . . . . . . = **A g r o p y r o n   i n t e r m e d i u m**
subsp. **t r i c h o p h o r u m**

— villosum . . . . = **H a y n a l d i a   v i l l o s a**
— **v u l g a r e** . . . . = Triticum aestivum[166])
— sativum[167])

(**T u n i c a   p r o l i f e r a**) . . . = **K o h l r a u s c h i a   p r o l i f e r a**
T u r g e n i a   l a t i f o l i a . . . = (**C a u c a l i s   l a t i f o l i a**)
T u r r i t i s   a l p i n a . . . . . = **A r a b i s   p a u c i f l o r a**
— **g l a b r a** . . . . = Arabis glabra
T y p h o i d e s   a r u n d i n a c e a . = Baldingera arundinacea
Digraphis arundinacea
Phalaris arundinacea

U l m a r i a   p e n t a p e t a l a . . . . = **F i l i p e n d u l a   U l m a r i a**
U l m u s   c a r p i n i f o l i a . . . = Ulmus campestris z. ·T.[168])
— glabra
— suberosa (erweitert)
— **l a e v i s** . . . . = — pendunculata
— effusa
— **s c a b r a** . . . . = — montana
U r t i c a   B o l l a e . . . . . . = Urtica radicans
— kioviensis z. T.

U t r i c u l a r i a   n e g l e c t a . . = Utricularia major
Uva-ursi[169]) alpina . . . . . . = **A r c t o s t a p h y l o s**[169]) **a l p i n a**
Uva-ursi[169]) procumbens . . . . = **A r c t o s t a p h y l o s**[169]) **U v a -**
u r s i

---

[166]) Regelgemäßer (prioritätsberechtigter) Name, der aber seinem Sinne nach speziell nur den Sommerweizen bezeichnet.
[167]) Sammelname für alle Kulturweizen.
[168]) Dieser Name umfaßte auch *U. scabra*.
[169]) Der eingebürgerte Gattungsname *Arctostaphylos* muß gegen den älteren Namen *Uva-ursi* (als Gattungsnamen!) auf der Ausnahmsliste geschützt werden.

106

Vaccaria pyramidata	=	Vaccaria segetalis
		Saponaria Vaccaria
— pyramidata subsp. grandiflora	=	(Vaccaria grandiflora)
— pyramidata subsp. parviflora	=	(Vaccaria pyramidata s. str.)
Vaccinium Oxycoccos	=	(Oxycoccus palustris)
		Oxycoccus quadripetalus
— Oxycoccos subsp. microcarpum	=	(Oxycoccus palustris subsp. microcarpus)
		Oxycoccus microcarpus
Valeriana officinalis var. palustris	=	Valeriana officinalis var. latifolia
		— officinalis var. altissima
		— excelsa
		— altissima
		— exaltata
— officinalis var. montana	=	— officinalis var. tenuifolia
		— officinalis var. angustifolia
		— angustifolia
		— collina
— sambucifolia	=	Valeriana officinalis var. sambucifolia
Valerianella dentata	=	Valerianella Morisonii
— Locusta	=	— olitoria
— rimosa	=	— Auricula
Veratrum album subsp. albicans[170]	=	Veratrum album subsp. album[170]
		— album s. str.
— — subsp. Lobelianum	=	— Lobelianum
		— album var. virescens
Verbascum crassifolium	=	Verbascum montanum
— lanatum	=	- Hinkei
— pulverulentum	=	— floccosum
Veronica aquatica	=	Veronica catenata
— austriaca	=	— dentata
(— Bonarota)	=	Paederota Bonarota
— Buxbaumii	=	Veronica persica
— catenata	=	— aquatica
		— comosa z. T.[171]
— comosa z. T.[171]	=	— catenata
— dentata	=	— austriaca
— fruticans	=	— saxatilis
— latifolia		— urticifolia
— longifolia	=	— maritima

---

[170] Nach einer etwas anfechtbaren neuen Bestimmung wäre subsp. *album* die giltige Bezeichnung. Vgl. die Fußnote zu *Achillea distans*.

[171] Die echte *V. comosa* gehört in den Formenkreis der *V. Anagallis-aquatica.*

(V e r o n i c a   l u t e a) . . . . . == P a e d e r o t a   l u t e a
Paederota Ageria
— maritima . . . . == V e r o n i c a   l o n g i f o l i a
— p e r s i c a . . . . . . == — Tournefortii
— Buxbaumii
— Pseudochamaedrys . . . == — T e u c r i u m
— saxatilis . . . . . . == — f r u t i c a n s
— T e u c r i u m . . . . . == — Pseudochamaedrys
— Tournefortii . . . . . == — p e r s i c a
— urticifolia . . . . . . == — l a t i f o l i a
V i c i a   a n g u s t i f o l i a s. str. . == V i c i a   angustifolia subsp. Bobartii
— angustifolia subsp. nigra
— nigra
— sativa subsp. angustifolia
— angustifolia subsp. Bobartii . == — a n g u s t i f o l i a s. str.
— angustifolia subsp. nigra . . == — a n g u s t i f o l i a s. str.
— a n g u s t i f o l i a   subsp.
s e g e t a l i s . . . . . . == — sativa subsp. segetalis
— segetalis
— a r t i c u l a t a . . . . . == — monanthos
— Bobartii . . . . == — a n g u s t i f o l i a s. str.
(— C r a c c a   subsp.   G e r a r d i) == — g a l l o p r o v i n c i a l i s
— Cracca subsp. tenuifolia . . == — t e n u i f o l i a
— d a s y c a r p a . . . . . == — varia
— d a s y c a r p a   subsp.
g l a b r e s c e n s . . . . == — pseudovillosa
— glabrescens
— g a l l o p r o v i n c i a l i s . == (— C r a c c a   subsp.   G e r a r d i)
— Cracca var. incana
— Gerardi
— incana
— Gerardi . . . . == — g a l l o p r o v i n c i a l i s
— glabrescens . . . . . . == — d a s y c a r p a   subsp.
g l a b r e s c e n s
— g r a n d i f l o r a . . . . == — sordida
— incana . . . . == — g a l l o p r o v i n c i a l i s
— monanthos . . . . . . == — a r t i c u l a t a
— n a r b o n e n s i s   subsp.
s e r r a t i f o l i a . . . . == — serratifolia
— nigra . . . . == — a n g u s t i f o l i a s. str.
— p a n n o n i c a   subsp.
p u r p u r a s c e n s . . . == — pannonica subsp. striata
— striata
— pannonica subsp. striata . . == — p a n n o n i c a   subsp.
p u r p u r a s c e n s
— pseudovillosa . . . . . == — d a s y c a r p a   subsp.
g l a b r e s c e n s
— sativa subsp. angustifolia . . == — a n g u s t i f o l i a s. str.
— sativa subsp. segetalis . . . == — a n g u s t i f o l i a   subsp.
s e g e t a l i s

Vicia segetalis . . . .   ==   Vicia angustifolia subsp.
                                          segetalis
 — serratifolia . . . .   ==   — narbonensis subsp.
                                          serratifolia
 — sordida . . . .   ==   — grandiflora
 — striata . . . .   ==   — pannonica subsp.
                                          purpurascens
 — tenuifolia . . . .   ==   — Cracca subsp. tenuifolia
 — varia . . . .   ==   — dasycarpa
Vincetoxicum officinale . . . . ==   Cynanchum Vincetoxicum
Viola alba var. scotophylla   ==   Viola scotophylla
 — alpestris . . . .   ==   — saxatilis
                                        — polychroma
                                        — tricolor subsp. subalpina
 — arenaria . . . .   ==   — rupestris
 — austriaca . . . .   ==   — Beraudii
 — Beraudii . . . .   ==   — austriaca
                                        — cyanea
                                        — sepincola
 — canina subsp. montana . . ==   — montana s. str.
 — canina subsp. Ruppii . . . ==   — montana s. str.
 — canina subsp. Schultzii . . ==   — montana subsp.
                                          Schultzii
 — cyanea . . . .   ==   — Beraudii
 — elatior . . . .   ==   — erecta
                                        — persicifolia z. T.
 — erecta . . . .   ==   — elatior
 — hortensis . . . .   ==   — Wittrockiana
 — lutea . . . .   ==   — sudetica
 — maxima . . . .   ==   — Wittrockiana
 — montana s. str. . . . .   ==   — canina subsp. montana
                                        — canina subsp. Ruppii
                                        — Ruppii
 — montana subsp.
   Schultzii . . . .   ==   — canina subsp. Schultzii
                                        — Schultzii
 — persicifolia z. T. . . . . . ==   — stagnina
 — persicifolia z. T. . . . . . ==   — elatior
 — polychroma . . . . . .   ==   — alpestris
 — pyrenaica . . . . . .   ==   — sciaphila
 — Reichenbachiana . . . .   ==   — silvestris
 — rupestris . . . . . .   ==   — arenaria
 — Ruppii . . . .   ==   — montana s. str.
 — saxatilis . . . .   ==   — alpestris
 — Schultzii . . . .   ==   — montana subsp.
                                          Schultzii
 — sciaphila . . . .   ==   — pyrenaica
 — scotophylla . . . . . .   ==   — alba var. scotophylla
 — sepincola . . . .   ==   — Beraudii
 — silvatica . . . .   ==   — silvestris

Viola silvestris . . . . . = Viola silvatica
                                    — Reichenbachiana
— stagnina . . . . . . = — persicifolia z. T.
— sudetica . . . . . . = — lutea
— Wittrockiana . . . = — hortensis
                                    — maxima

Viscaria alpina . . . . . = Lychnis alpina
— vulgaris . . . . . . = Viscaria viscosa
                                    Lychnis Viscaria

Viscum album subsp.
    Abietis . . . . . . = Viscum Abietis
— album subsp. Mali . . = — album s. str.
— album subsp. Pini . . = — laxum
                                    — austriacum

Vogelia paniculata . . . . . = Neslia paniculata
Vulpia bromoides . . . = Vulpia dertonensis
                                    Festuca bromoides
— myuros . . . . . . = Festuca myuros

Waldsteinia trifolia . . = Waldsteinia ternata z. T.[172]
Weingaertneria canescens . . . . = Corynephorus canescens
Willemetia stipitata . . = Willemetia apargioides

Xanthium orientale . . = Xanthium macrocarpum
                                  — echinatum z. T.
— riparium . . . . . . = — echinatum z. T.
                                  — italicum z. T.[173]

Zahlbrucknera paradoxa . . . . = Saxifraga paradoxa
Zannichellia palustris
      subsp. dentata . . . = Zannichellia palustris subsp. genuina
                                  — dentata
— — subsp. pedicellata . = — maritima
                                  — pedicellata

Zerna Benekeni . . . . . . = Bromus ramosus subsp.
                                  Benekeni
— erecta . . . . = — erectus
— inermis . . . . = — inermis
— ramosa . . . . = — ramosus subsp. ramosus

---

[172] Die echte *W. ternata* ist eine asiatische Pflanze, die in Österreich und in den Karpathenländern nicht vorkommt.
[173] Das echte *X. italicum* ist eine südeuropäische Pflanze.